Horst Bielfeld
Ziervögel

KENNEN & PFLEGEN

Horst Bielfeld

Ziervögel

120 Arten und ihre Haltung

2., überarbeitete Auflage

121 Farbfotos
40 Zeichnungen

VERLAG
EUGEN
ULMER

Umschlag: Orangebauch-Mistelfresser, *Dicaeum trigonostigma* (Foto: H. Bielfeld)

Sämtliche Fotos von Horst und Volker Bielfeld, ein Teil der Fotos wurde im Vogelpark Walsrode aufgenommen
Zeichnungen von Claudia Niederhauser-Hosslin

Die Deutsche Bibliothek – CIP-Einheitsaufnahme

Bielfeld, Horst: Ziervögel : 120 Arten und ihre Haltung / Horst Bielfeld. – 2., überarb. Aufl. – Stuttgart (Hohenheim) : Ulmer, 1998
(Kennen & Pflegen)
ISBN 3-8001-7437-5

Wollgrasweg 41, 70599 Stuttgart (Hohenheim)
Einbandgestaltung: A. Krugmann, Freiberg am Neckar
Herstellung: Ursula Stammel
Lektorat: Ulrich Commerell
Satz: Steffen Hahn GmbH, Kornwestheim
Druck und Bindung: Manfrini R. Arti Grafiche Vallagarina S.p.A.
Printed in Italy

Vorwort

Vögel werden in immer größerer Zahl in Flugbauern und Volieren gehalten. Es sind schon Millionen Menschen, die einen oder mehrere Vögel pflegen. Sie gehören zweifellos zu den beliebtesten Pfleglingen des Menschen. Das verwundert nicht, denn mit ihrem Flugvermögen, ihrem lebhaften, freundlichen Wesen, ihrem interessanten Verhalten, ihren schönen Farben und ihrem Gesang begeistern sie uns immer wieder aufs neue.

Da Sie zu den Vogelfreunden zählen und offenbar die Absicht haben, sich einen oder mehrere der Gefiederten ins Haus zu nehmen, möchten Sie sich informieren, welcher wohl am besten zu Ihnen paßt. Schon vor dem Erwerb stellen sich Ihnen viele Fragen, bei deren Beantwortung Ihnen dieses Buch helfen will. Wie muß ich den Vogel unterbringen? Welche Pflege, welche Ernährung braucht er, um sich wohlzufühlen? Habe ich die Zeit für einen Einzelvogel oder wäre ein Pärchen bzw. eine kleine Gesellschaft für mich geeigneter?

In der Praxis der Vogelhaltung, also in der täglichen Pflege, tauchen ständig weitere Fragen auf. Wie kann ich seine Ernährung vielseitiger gestalten? Was kann ich tun, um sein Wohlgefühl zu steigern? Was muß ich tun, wenn er sich mal unpäßlich fühlt? Wie bringe ich ihn leicht durch die Mauser? Diese und viele Fragen sollen in diesem Buch beantwortet werden.

Vor allem aber sollen Ihnen 120 Vogelarten in Wort und Bild vorgestellt werden. Die Farbfotos zeigen die Gestalt der Vögel und ihr Federkleid, schlichter oder prachtvoll. Die „Steckbriefe" informieren Sie über die Größe und Herkunft jeder Art, über ihr Freileben, die Haltung und Zucht. Wenn erforderlich, werden auch spezielle Wünsche für ihre Ernährung mitgeteilt.

Viel Glück bei der Auswahl des Vogels, eine glückliche Hand bei der Pflege und Zucht und dieses Buch als Ratgeber immer dabei, das wünscht Ihnen

Jameln, im Sommer 1992 Horst Bielfeld

Inhaltsverzeichnis

Vorwort

Was sind Ziervögel? 9

Vogelarten kennen 10
Ammern, Pfäffchen, Farbfinken und Kardinäle 10
Gimpelartige, Zeisige und Girlitze 10
Prachtfinken 10
Webervögel, Witwen und Sperlinge 11
Wachteln 11
Täubchen 12
Tangaren 12
Kolibris und Nektarvögel 12
Timalien und andere kleine Weichfresser 13
Blattvögel, Stare und andere größere Weichfresser 13

Der Vogelkauf 14
Wo kauft man Vögel? 14
Die Auswahl 14
Der Transport 15

Die Vogelarten 17
Ammern, Pfäffchen, Farbfinken, Kardinäle 18
Gimpelartige, Zeisige und Girlitze 24
Prachtfinken 29
Webervögel, Witwen und Sperlinge 38
Wachteln 43
Täubchen 45
Tangaren 47
Kolibris und Nektarvögel 50
Timalien und andere kleine Weichfresser 52
Blattvögel, Stare, größere Weichfresser 58

Vögel halten und pflegen 65

Die Eingewöhnung 66
Viel Ruhe und keinen Streß 66
Die Quarantäne 66
Die Fütterung 67
Die Quarantäne langsam aufheben 67

Unterbringung, Ernährung, Pflege 68
Die artgerechte Unterbringung 68
- Im Käfig 68
- In der Vitrine 70
- In der Zimmervoliere 71
- In der Gartenvoliere 72

Die Ernährung 74
- Futterplan 1: für Ammern, Farbfinken, Girlitze, Pfäffchen, Prachtfinken, Täubchen, Wachteln, Weber und Witwen 75
- Futterplan 2: für Farbfinken, Gimpelartige, Girlitze, Kardinäle und Zeisige 77
- Futterplan 3: für Beos, Blattvögel, Bülbüls, Drosseln, Stare und andere größere Weichfresser 77
- Futterplan 4: für Brillenvögel, Sonnenvögel, Tangaren, Timalien und andere kleine Weichfresser 79
- Futterplan 5: für Kolibris und Nektarvögel 80

Die Pflege 81
- Tägliche Arbeiten 81
- Wöchentliche Arbeiten 81
- Monatliche Arbeiten 82
- Vierteljährliche Arbeiten 82
- Halbjährliche Arbeiten 82
- Sitzstangen 82
- Raufen und Halter 82
- Tränken 82
- Der Vogelfang 83

Wohin mit den Vögeln im Urlaub? 84
Lebenserwartung der Vögel und Höchstalter 84

Die Zucht 86
Voraussetzungen für das Gelingen der Zucht 86
- Einzelhaltung des Zuchtpaares? 86
- Der Nistplatz 86
- Schutz und Ruhe 87

Anpaarung, Balz und Paarung 88
- Freie Partnerwahl 88
- Die ersten Annäherungsversuche 88
- Die Balz 88
- Die Paarung 89

Nistmaterial und Nestbau 89
- Nistmaterial aus dem Zoofachhandel 89
- Nistmaterial aus der Natur 90

Bodenbrüter 90
Der Nestbau 90
Eiablage und Brut 91
Die Brut 91
Brutdauer 92
Die Eifarbe 92
Schlupf und Entwicklung der Nestlinge 92
Nackt und hilflos 93
Betteln und füttern 93
Die Befiederung 93
Die Beringung 94
Vom Flügge- bis zum Selbständigwerden 94
Absetzen der Jungvögel 95
Die Jugendmauser 95
Geschlechtsbestimmung 96
Mischlinge züchten? 96
Mutationen 97
Künstliche Brut und Handaufzucht 97
Das Aufpäppeln 98
Wärme 98

Krankheiten und wie man sie verhütet 99
Aspergillose 99
Äußere Verletzungen 99
Bindehautentzündungen 99
Candidiasis 99
Drehkrankheit, Lähmungen und Krämpfe 100
Durchfall 101
Entzündete und verschorfte Füße 101
Erkältungen 101
Federfressen 101
Federlinge 102
Fettleibigkeit 103
Futtermilben 103
Geflügelpest 103
Gehirnerschütterung 104
Gicht 104
Grabmilben 104
Haarwürmer 105
Haken- und Kreuzschnabel 105
Ionisieren 106
Kalkbeine 106
Knochenbrüche 106
Kokzidose 107
Koliinfektion 108
Krallenschneiden 108
Krankenkäfig 109
Leberschäden 111
Legenot 111
Luftröhrenwürmer 112
Luftsackmilben 113
Lungenentzündung 114
Mauserschwierigkeiten 114
Ornithose 114
Pseudotuberkulose 115
Rachitis 115
Rote Vogelmilben 115
Salmonellose 116
Spulwürmer 117
Trichomoniasis 117
Tumoren 117
UV-Bestrahlung 118
Verstopfung 118

Anhang 119
Vögel auf Ausstellungen 119
Biotopvolieren 119
Schaukäfige 119
Der Vergleich mit Wildvögeln 119
Chancengleichheit 119
Zeitschriften für Vogelliebhaber in Deutschland, Österreich und der Schweiz 120
Vereine und Verbände 121

Literaturverzeichnis 123
Register 125

Was sind Ziervögel?

Nach des Wortes strengster Bedeutung zählen zu den sogenannten Ziervögeln diejenigen Vogelarten, die als Zierde oder Schmuck in der Wohnung gehalten werden. Dagegen rechnet man die Papageien nicht zu den Ziervögeln, auch wenn ihr zumeist buntes Gefieder durchaus eine Zierde darstellt. Papageien betrachtet man vielmehr als (sprechende) Partner, als Haustier wie Hund und Katze. Auch ein Wellensittich gilt nicht als Ziervogel, wird er doch ähnlich wie ein Papagei als Partner und Clown gehalten. Bei einem Kanari wiederum denkt man vor allem an seinen herrlichen Gesang.

Das alles, Gesang, Clownerie, Farbenpracht, können wir auch bei Ziervögeln haben. Ihre Bezeichnung tragen sie aber vorwiegend deshalb, weil sie in der Regel zu mehreren gehalten werden, einen weniger engen Kontakt zu ihrem Pfleger suchen, für uns also in erster Linie zur Zierde da sind. Wahrscheinlich haben wir sie uns gekauft, weil sie schön sind. Daß sie noch weit mehr zu bieten haben, merken wir erst nach und nach. Mit ihren verschiedenen Verhaltensweisen und ihrem ausgeprägten Sozialleben ziehen sie uns in ihren Bann. Wir haben bei ihnen gar nicht das Bedürfnis, sie an uns zu ziehen, sie zu „zähmen". Wir sind bei ihnen mit der Rolle des Betrachters vollauf zufrieden und wollen überhaupt nicht in ihr Familienleben eingreifen.

Ziervögel par excellence sind die Pfäffchen, die Prachtfinken, die Weber, die Tangaren und die Timalien. Sie lassen sich in der Regel in kleineren oder größeren Gesellschaften pflegen, während viele Kardinäle, Farbfinken, Zeisige, Girlitze, Wachteln, Täubchen und größere Weichfresser am liebsten paarweise leben. Von den letztgenannten bauen einige von sich aus häufig ein engeres Verhältnis zu ihrem Pfleger auf. Das gilt in besonderem Maße für den Beo und die anderen Stare, sind sie doch von Natur aus sehr neugierig, intelligent und zum Nachahmen talentiert. Sie und auch manch andere der großen Weichfresser könnten wir auch einzeln wie einen Sittich oder Papagei halten und viel Freude mit ihnen haben. Glücklicher sind sie jedoch mit einem Partner der eigenen Art. Halten wir alle diese Vögel deshalb artgerecht und betrachten sie als eine kostbare Zierde.

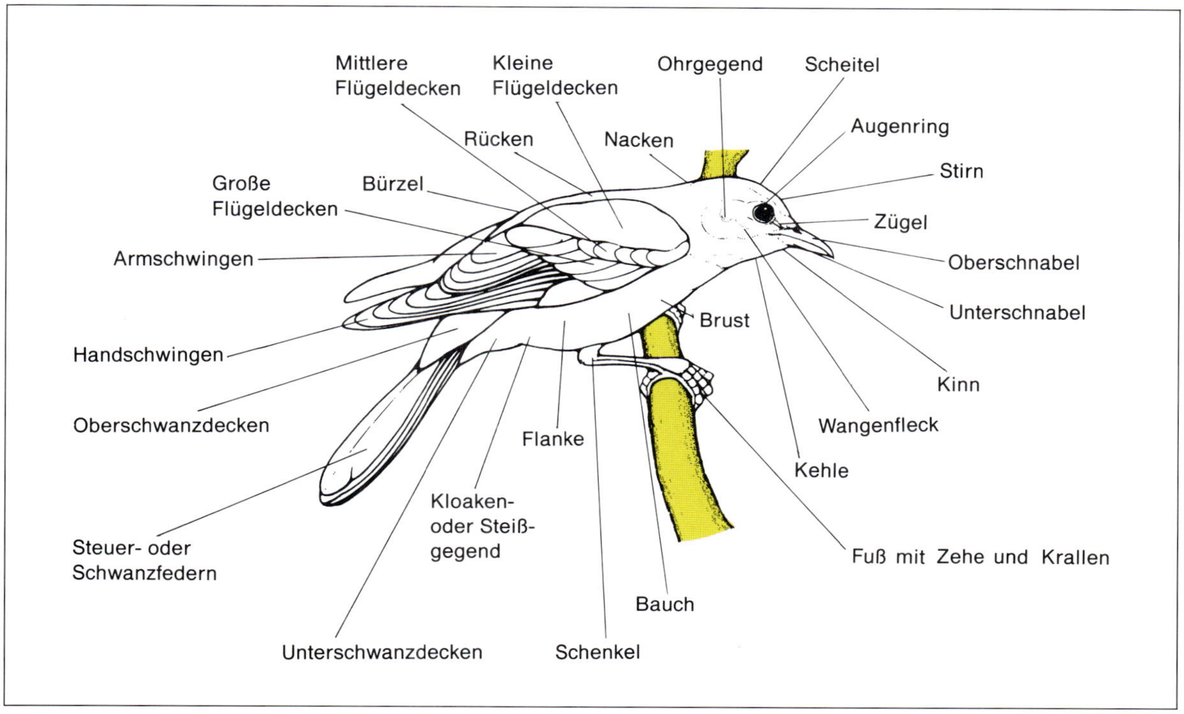

Vogelarten kennen

Ammern, Pfäffchen, Farbfinken und Kardinäle

Die Ammern, Pfäffchen, Farbfinken und Kardinäle stammen alle aus Süd-, Mittel- oder Nordamerika. Sie sind sehr vielgestaltig und ersetzen die Prachtfinken und die echten Finken, die es in der Neuen Welt ja nicht gibt. Gerade die Pfäffchen nehmen hier den Platz der Prachtfinken ein. Auch sie ernähren sich überwiegend von Grassamen und Grünem, für die Jungenaufzucht auch mehr oder weniger von tierischer Nahrung. Ihr Nest bauen sie allerdings nicht zu einer Kugel aus, sondern nur zu einem Napf. Von den hier vorgestellten Vögeln baut nur der Kleine Kubafink ein Kugelnest wie die Prachtfinken. Auch ist ihre Ernährung fast identisch. Von den anderen Vögeln dieser Gruppe nehmen Safran- und KurzschnabelGilbammer ebenfalls überwiegend mehlhaltige Samen wie Hirse und Glanz zu sich. Die Farbfinken, Kardinäle und Bischöfe lieben dagegen mehr gemischte Kost, wobei die ölhaltigen Samen sogar überwiegen. Die Haltung aller Arten ist zwar schon in größeren Käfigen möglich, doch sind Zimmer- und Gartenvolieren viel besser geeignet. Einer Gartenvoliere muß ein Schutzhaus angeschlossen sein, denn alle brauchen eine warme oder zumindest frostfreie Überwinterung, ferner Schutz vor Sturm und Hagel.

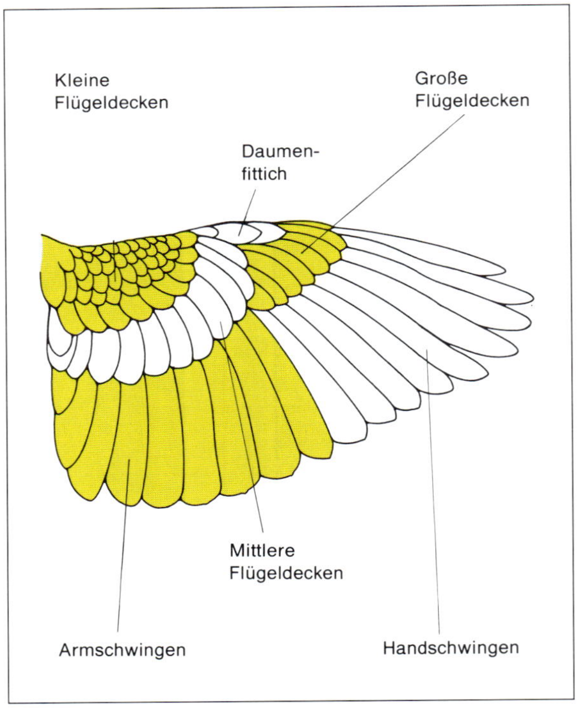

Gefiederstruktur der Ziervögel

Gimpelartige, Zeisige und Girlitze

Gimpelartige, Zeisige und Girlitze gehören alle der Familie der *Carduelidae* an. Von der Größe her unterscheiden sie sich weniger als Angehörige anderer Familien. Es sind schlicht bis sehr farbenprächtig gefärbte Vögel aus allen Erdteilen mit Ausnahme Australiens. In der Lebensweise ähneln sie sich alle, wenn sie auch sehr verschiedene Lebensräume bewohnen. So kommen einige ohne Baum und Strauch mit der kargen Nahrung der Stein- und Sandwüsten aus, während andere sich im dichten Wald wohlfühlen. Die meisten Cardueliden, wie wir sie eingedeutscht nennen, lieben jedoch die parkartige Landschaft, wo sie Nahrung und Nistplätze finden. Das können Gärten und die Feldränder sein, aber auch koniferendurchsetzte Matten oder Dornbuschsavannen. Viele sondern sich ab, wenn sie brüten wollen, doch manche bauen ihre zumeist kunstvollen Napfnester in benachbarten Bäumen oder Sträuchern. Nach der Brutzeit sind sie oft gesellig und schließen sich zu kleineren oder auch großen Schwärmen zusammen. Die meisten Arten bevorzugen ölhaltige Samen verschiedenster Art, so etwa Wildkrautsämereien. Vor allem eine Anzahl Girlitze halten sich jedoch lieber an Grassamen, Hirse und Glanz.

Prachtfinken

Die rund 130 Arten der Prachtfinken sind in Afrika, dem südlichen Asien, in Australien, Neuguinea und auf der australpazifischen Inselwelt

verbreitet. Ihr Lebensraum sind vor allem die Savannen und Grassteppen, aber auch die Gebüsche an Waldrändern, Ufern und auf Kulturland. Nur wenige Arten leben im Wald. Grassamen und zartes Grün bildet ihre Hauptnahrung. Aus süßen Früchten und Beeren machen sie sich nichts. Viele Arten brauchen Insekten für die Aufzucht ihrer Jungen, einige leben sogar überwiegend davon. Ihr kugel-, birnen- oder flaschenförmiges Nest kann, je nach Art, vom Boden bis zu mehreren Metern hoch in Büschen oder Bäumen gebaut werden. Einige brüten sogar in Baumhöhlen. Außerhalb der Brutzeit sind die meisten gesellig, wenige nisten aber auch in Kolonien.
Viele Prachtfinken sind ideale Käfig- und Volierenvögel. Da sie oft hier gezüchtet sind, entfällt die Eingewöhnung, in der manche Wildfänge etwas empfindlich sind. In der Regel sind Prachtfinken einfach zu ernähren, und auch die Zucht gelingt bei einer Anzahl von Arten relativ leicht. Nur in Brutstimmung sind einige unverträglich. Sonst sind sie friedlich, gesellig und zumeist auch nett zwitschernd und pfeifend.

Webervögel, Witwen und Sperlinge

Die Webervögel, Witwen und Sperlinge bilden eine Familie von zusammen 157 Arten. Die Witwen sind alle in Afrika beheimatet, die meisten Weber und viele der Sperlinge ebenfalls. Die übrigen Weber leben in Südasien, einige Sperlinge auch im Himalajagebiet und im östlichen Asien, ferner kennen wir Sperlinge auch aus Europa, von denen einer inzwischen zu einem Weltbewohner geworden ist.
Es sind alles sehr interessante Vögel. Die Weber sind durch ihre erstaunliche Nestbaukunst bekannt. Sie verstehen aus Grashalmen, Palmblattstreifen und sonstigen Materialien leichte und dennoch haltbare Kinderstuben zu weben. Gewebt sind die Nester oft nach dem Prinzip von Kette und Schuß und aufgehängt oft nur am „seidenen“ Faden. Manche haben eine lange Einschlupfröhre und viele Nester besitzen sogar zwei Eingänge.
Die Witwen sind freundliche Brutschmarotzer, indem sie je ein Ei in die Nester bestimmter Prachtfinken legen. Die jungen Witwen haben sich den Prachtfinkennestlingen so sehr angepaßt, daß sie selbst von deren Eltern nicht unterschieden werden können.
Die Sperlinge sind intelligente, anpassungsfähige Vögel, die zumeist große, im Gegensatz zu den Webern aber ausgesprochen unordentliche Nester bauen.

Wachteln

Die Wachteln bilden keine einheitliche Gruppe innerhalb der Ordnung der Hühnervögel. Sie werden unterteilt in echte Wachteln der Alten Welt und Zahnwachteln der Neuen Welt. Die Neuweltwachteln haben einen kurzen, kräftigen Schnabel, bei dem der Unterschnabel leicht gezähnt ist, daher der Name Zahnwachteln. Sie baumen in der Regel für die Nacht auf, was bei den Altweltwachteln nicht der Fall ist. Sonst ähneln sich ihre Lebensgewohnheiten.
Sie leben in offenem Gelände, das durch hohe Gras- und Krautbestände genügend Deckung bietet. Obwohl beide Wachtelgruppen während der Brutzeit streng als Paare zusammen leben und Reviere bilden, schließen sich die Zahnwachteln danach zu kleineren oder größeren Gesellschaften zusammen. Dagegen leben die echten Wachteln paarweise oder in einem größeren Familienverband.
Kleine Arten wie die Chinesische Zwergwachtel können in einem größeren Käfig oder in einer Zimmervoliere gehalten werden. Für die anderen Wachteln ist eine geräumige Gartenvoliere mit angeschlossenem Schutzhaus ideal. In der Regel sind sie allen Gefiederten gegenüber friedlich, außer Hühnervögeln jeder Art. Durch ihr Aufbaumen oder erschrecktes Hochfliegen können sie allerdings ihre Mitbewohner in Panik versetzen.

Täubchen

Täubchen, also kleine Tauben, die sich für die gemeinsame Haltung mit anderen exotischen Vögeln eignen, können aus allen Erdteilen stammen. So sind Zwerg- und Sperlingstäubchen sowie eine Anzahl anderer Arten aus Süd- und Mittelamerika zu erwähnen. Sie sind allerdings ziemlich schlicht gefärbt und auch recht ängstlich. Ihre Zucht gelingt meistens nur, wenn sie für sich in einer ruhigen Voliere untergebracht sind. Von den aus Afrika stammenden Täubchen werden vor allem das Kaptäubchen und das Senegaltäubchen für die Gemeinschaftshaltung mit anderen Exoten gewählt. Auch von hier kommt eine Reihe von Arten, die entweder zu schlicht gefärbt oder zu anspruchsvoll in der Ernährung sind, um in unseren Volieren zahlreicher verbreitet zu sein.

Das Zebratäubchen und seine nahen Verwandten aus Südasien und Australien finden wiederum größere Beachtung bei den Freunden exotischer Vögel. Sie sind hübsch und friedlich und können gut in Gesellschaft anderer Vögel gezüchtet werden. Unübertroffen ist hier das Diamanttäubchen, das mit fast jeder Behausung zufrieden ist, und von dem es schon eine ganze Anzahl hübscher Farbschläge gibt.

Tangaren

Zur Familie der Tangaren zählen 242 Arten Tangaren, Organisten, Pitpits und Naschvögel. In der Größe variieren sie von 9 cm (wie unser Zaunkönig) bis 26 cm (wie die Amsel). In ihrer Farbenpracht scheinen sich die meisten gegenseitig überbieten zu wollen. Bis auf 4 Arten, die in Nordamerika beheimatet sind (eine brütet sogar im Süden Kanadas) kommen alle Tangaren in Mittel- und Südamerika vor, und zwar in tropischen und subtropischen Gebieten. Dort bevorzugen die meisten die Waldränder als ihren Lebensraum, finden sie hier doch am häufigsten Büsche und Bäume, die Blüten, Früchte oder Beeren tragen. Eine Anzahl Tangaren lebt in den Wipfeln der Tropenwaldbäume. Andere kommen in halboffenem Gelände vor, etwa an Flußufern, in Gärten und Parks. Einige Tangaren sind ausgesprochene Flach- oder Tieflandbewohner, andere bevorzugen Bergland oder sogar hohe Gebirge, hinauf bis zur Baumgrenze in 3600 m Höhe.

Tangaren sind interessante, dankbare Pfleglinge, die, einmal eingewöhnt, lebhaft und ausdauernd sind. Ihre herrlichen Farben kommen am besten in einer großen, mit Pflanzen ausgestatteten Zimmervoliere oder in einem Wintergarten voll zu Geltung. In der Ernährung stellen sie recht hohe Anforderungen.

Kolibris und Nektarvögel

Die Kolibris und Nektarvögel haben eine Anzahl von Gemeinsamkeiten. Die Vertreter beider Familien sind klein, überwiegend farbenprächtig und schillernd, besuchen verschiedene Blüten, um sich von deren Nektar und von kleinen Insekten und Spinnen zu ernähren. Ihre schlanken Schnäbel haben sich in Länge und Biegungsgrad bestimmten Blüten angepaßt, deren Nektar sie trinken und die sie, als Gegenleistung sozusagen, bestäuben.

Als wesentlicher Unterschied zwischen den Kolibris und Nektarvögeln ist die Art der Nahrungsaufnahme und dem dadurch verschieden ausgebildeten Flugvermögen anzusehen. Während die Nektarvögel sich auf dem Stengel oder einem nahen Zweig niederlassen, um an den Nektar der Blüte zu gelangen, stellen sich die Kolibris schwirrend davor. Sie verstehen es, in jede Richtung zu fliegen, auch rückwärts. Sie bleiben damit in ihrem Flugvermögen unerreicht.

Kolibris oder Nektarvögel zu pflegen ist nicht leicht. Sie müssen täglich ein- bis zweimal mit frischem Nektartrank versorgt werden, der seit einiger Zeit zum Glück leicht aus Fertignahrung anzurühren ist. Schwieriger ist regelmäßige Versorgung mit Fruchtfliegen. Die meisten Vertreter beider Familien sind unverträglich.

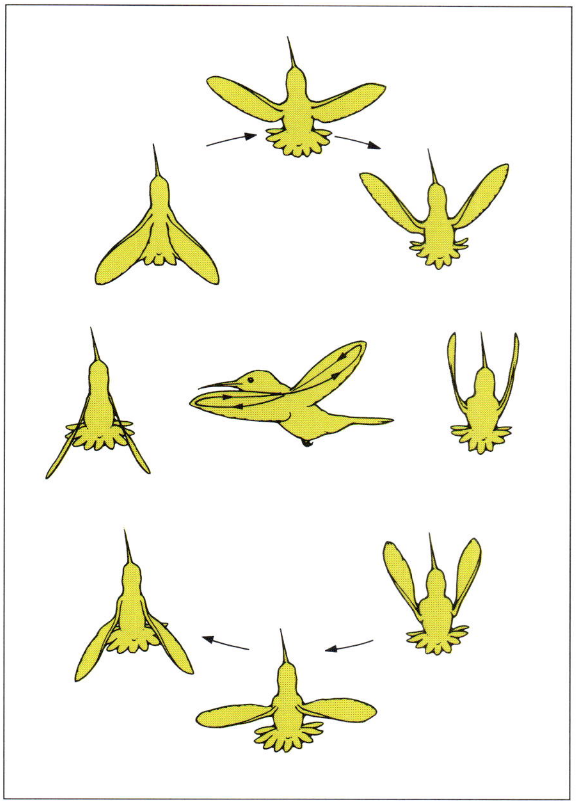

Hier sind die verschiedenen Phasen des Schwirrfluges eines Kolibris dargestellt, wenn er vor einer Blüte in der Luft „steht".

Timalien und andere kleine Weichfresser

Die Vögel der folgenden Gruppe haben als Gemeinsamkeit, daß sie alle kleine Weichfresser sind. Sie gehören sehr unterschiedlichen Familien an, nehmen in der Regel aber das gleiche Futter zu sich. Wenn auch die meisten von ihnen sowohl tierische Nahrung wie auch Früchte mögen, so haben sich andere ziemlich stark spezialisiert. Dies ist bei den Beschreibungen der einzelnen Arten angegeben. Da es oft nicht möglich ist, genau die bevorzugte Nahrung der Spezialisten in ausreichender Menge vorrätig zu haben, sollten auch immer geeignete Ersatzfutterstoffe angeboten werden.

Fast alle kleineren Weichfresser sind von Anfang an sehr zutraulich. Das liegt vor allem daran, daß sie keine Schwarmvögel offener Landschaften sind, die bei jeder verdächtigen Bewegung, bei jedem erschreckenden Geräusch auf- und davonfliegen. Jeder Warnlaut eines Artgenossen läßt sie augenblicklich „in die Luft gehen". Bei den kleinen Weichfressern ist es in gleicher Situation so, daß sie im Gebüsch, im Unterholz oder im Halmdickicht verschwinden, sich hier ruhig abwartend der Gefahrensituation entziehen. Das macht sie auch uns gegenüber in der Eingewöhnung oder bei Erschrecken nicht kopflos, sondern fast überlegt handelnd.

Blattvögel, Stare und andere größere Weichfresser

Die nachfolgenden größeren Weichfresser sind Vertreter der verschiedensten Familien. Es sollen hier einige ihrer schönsten und bekanntesten Vertreter vorgestellt werden. Sie sind leicht einzugewöhnen, zu halten und zu ernähren, sind sie in der Regel doch recht robuste Vögel.
Mit dem Mittelbeo haben wir den besten Sprecher vor uns, dem in dieser Hinsicht höchstens der Graupapagei Konkurrenz machen kann. Mit Dajal- und Schamadrossel, den Blattvögeln sowie dem Weißscheitelrötel lernen wir einige der besten Sänger der gesamten Vogelwelt kennen. Häherlinge, Säbler und die Bülbüls sind lebhafte Clowns, die sehr viel Freude machen können und oft völlig zahm werden. Neben hübschem Gesang lassen sie auch schwatzende und kreischende Laute hören. In noblem Gefieder lassen sich die Glanzstare sehen. Sie schillern in allen metallischen Farben. Dagegen sind der Graustar und der Pagodenstar schlichter gefärbt. Bei ihnen herrschen lustige Verspieltheit und Schalkhaftigkeit vor. Wie diese Stare bauen alle großen Weichfresser bei entsprechender Behandlung bald eine persönliche Beziehung zu ihrem Pfleger auf. Manche werden völlig handzahm und begrüßen ihn beim Herannahen oft schon freudig.

Der Vogelkauf

Vor dem Kauf steht die Entscheidung, welchen Vogel wir pflegen möchten. Wenn wir in diesem Buch blättern, die Bilder betrachten und die Kurzbeschreibungen der sehr verschiedenen Vögel lesen, bevor wir kaufen, haben wir uns gegen Fehlentscheidungen schon mal ganz gut abgesichtert. Nach dem Studium aller Kapitel sollten wir eine recht genaue und realistische Einschätzung gewonnen haben, welche Vögel für uns in Frage kommen und welche nicht.
Manchmal geht es ja gut, spontan einen Vogel zu kaufen, der uns gefällt und nach und nach zu lernen, mit ihm zu leben. Oft werden wir allerdings erstaunt sein, welche Ansprüche er stellt, wieviel Zeit und Aufwand an Pflege und Kosten er uns abverlangt und das Tag für Tag, ist er doch ein Lebewesen und kein Spielzeug, das wir bei nachlassendem Interesse in die Ecke stellen oder in der Schublade verschwinden lassen können.
Gehen wir also lieber den richtigen Weg, um einen Vogel anzuschaffen. Sonst könnte es zu Krankheit und Tod für den Vogel führen, nicht nur für einen ohnehin empfindlichen. Für uns würde das unnötige Enttäuschungen und Selbstvorwürfe bedeuten, vielleicht sogar das Ende der Vogelliebhaberei.
Nachdem wir gelernt haben, was alles für die Vogelpflege erforderlich ist, treffen wir entsprechende Vorsorge vor der Anschaffung. Nicht nur der Käfig oder die Voliere müssen bereitstehen, wenn der Gefiederte ins Haus kommt, sondern auch alles notwendige Zubehör sowie das geeignete Futter. Erst jetzt befassen wir uns mit dem Kauf unseres Pfleglings.

Wo kauft man Vögel?

Es gibt verschiedene Möglichkeiten, einen Vogel zu erwerben. Robuste, kleine Körnerfresser, wie etwa Zebrafinken und manche anderen, erhalten wir meistens beim Zoofachhändler in der Nachbarschaft. Einige andere könnte er für uns vom Importeur kommen lassen. Wenn wir eine der Fachzeitschriften (siehe Anhang) lesen, dann können wir auch selbst bei Großhändlern oder Importeuren bestellen. Die Vögel werden dann in den flachen, hölzernen Transportkästen per Schnellpaket zugeschickt. In der Regel sind solche Sendungen, am Nachmittag abgeschickt, am nächsten Morgen per Eilboten im Haus.
Ebenso geht es vor sich, wenn wir bei einem weiter entfernt wohnenden Züchter kaufen, der die Vögel verschickt. Anzeigen von Züchtern sind meistens in großer Zahl in den Fachzeitschriften zu finden. Jeder Züchter, und auch Großhändler oder Importeur, wird sich bemühen, gesunde, lebhafte Vögel zum Versand zu bringen. Ob jedoch in jedem Falle gesunde Tiere ankommen, ist nicht gewiß. Sie können natürlich auf der Reise krank geworden oder gestorben sein, doch bleibt für uns dabei der bittere Nachgeschmack, vielleicht doch nicht bei einem seriösen Partner gekauft zu haben. Enttäuschung und Streit, manchmal bis vor das Gericht, sind dann das Ende der erwartungsfroh begonnenen Transaktion.
Es ist in jedem Falle besser, den oder die Vögel abzuholen. Wir sollten den Weg nicht scheuen, denn dann haben wir die Möglichkeit, selbst eine Auswahl unter den vorhandenen Vögeln zu treffen oder auch zu verzichten, falls alle einen kranken Eindruck auf uns machen.
Ob wir nur zum Zoohändler um die Ecke gehen oder eine weite Reise zu einem Züchter oder Importeur unternehmen, so sollten wir uns bei der Auswahl der Vögel ausreichend Zeit nehmen. Beim Züchter sind die angebotenen Vögel oft einzeln oder zu wenigen in kleineren Käfigen untergebracht, bei Händlern und Importeuren meistens in mehr oder weniger großen Schwärmen.

Die Auswahl

Nachdem wir uns einen ersten Überblick verschafft haben, ist es ratsam, die Vögel zuerst aus einiger Entfernung zu beobachten. Zu nahes Herantreten an den Käfig oder die Voliere veranlaßt meistens auch kranke Vögel, sich für einige Zeit wegen ihrer Scheu vor dem Menschen schlank und lebhaft zu zeigen. Doch sobald wir uns entfernt haben, sitzen sie schon wieder apathisch und aufgeplustert herum, stecken den Kopf ins Rückengefieder und möchten nur vor sich hindämmern. Dagegen bleiben gesunde, vitale Vögel lebhaft, temperamentvoll und viel in Bewegung, auch wenn wir uns von ihrer Behausung entfernt haben. Schon aus der Distanz sollten wir uns die Vögel merken, die gesund erscheinen, falls sie an irgendwelchen Merkmalen von den anderen Mitbewohnern zu unterscheiden sind. Ein seriöser Zoohändler wird kranke Vögel grundsätzlich nicht in seinen Ausstellungskäfigen oder -volieren präsentieren.

Als nächstes treten wir näher an die Voliere oder den Käfig heran. Auch jetzt ist es möglich, gesunde von kranken Vögeln zu unterscheiden. Der gesunde, lebhafte Vogel hat blanke, große Augen, ein anliegendes, glattes Gefieder. Durch viele Vögel auf engem Raum während des Transports oder beim Importeur kann das Federkleid etwas verschmutzt sein, steht aber nie ab wie bei kränkelnden Vögeln. Diese lassen auch die Flügel etwas hängen und haben oft trübe, halbgeschlossene Augen.

Gefiederschäden sollten kein Kaufhindernis sein. Bei der nächsten Mauser werden die beschädigten Federn abgestoßen und durch neue ersetzt.

Haben wir nun die Wahl getroffen und den nach unserer Meinung besten Vogel herausfangen lassen, dann sehen wir ihn uns noch einmal ganz aus der Nähe an. Ist er im Besitz aller Zehen und Krallen? Kann er auf beiden Augen sehen? Ist die Kloake sauber oder kotverschmiert? Letzteres deutet auf eine Darmerkrankung hin. Ist die Kloakenumgebung jedoch sauber und der Vogel verliert gerade wässerigen Kot, dann ist das auf die Aufregung durch das Gefangenwerden zurückzuführen und unbedenklich. Sobald er sich beruhigt hat, setzt er auch wieder normal festen Kot ab.

Abschließend sollten wir den Händler oder Verkäufer noch bitten, das Bauchgefieder des Vogels auseinanderzupusten, damit wir sehen können, ob auch keine Rotleibigkeit oder geschwollene Leber gegen die Auswahl dieses Vogels spricht.

Der Transport

Ist der Weg mit dem Vogel nach Hause nur kurz, dann wird er am besten in einer der üblichen Faltschachteln transportiert. Diese sind für den Vogel das beste Transportmittel, kann er sich darin doch am wenigsten verletzen. Da er allerdings im Dunkeln sitzt, kein Futter und Wasser hat, sollte er in der Schachtel auch nicht länger als zwei Stunden verbleiben.

Für eine längere Fahrt sollte der Vogel in einem flachen Transportkäfig untergebracht werden, nicht in einem üblichen Vogelkäfig. Selbst wenn letzterer mit einem Tuch bedeckt wird, kann der Vogel darin erschrecken und sich durch den Flugspielraum darin am Gitter verletzen. Die flachen Transportkäfige dagegen, die es in allen Größen gibt, werden knapp bemessen, so daß der Vogel nur wenig Bewegungsfreiheit hat, jedoch Futter und Wasser vorfindet. Da eine Seite mit Gitter oder Drahtgeflecht versehen ist, hat der Vogel es auch hell genug.

Die flachen Transportkäfige gibt es auch mit Zwischenwänden, damit mehrere unverträgliche Vögel getrennt voneinander untergebracht werden können. Diese Kästen werden auch für den Versand von Vögeln per Bahn oder Post genommen. Sie müssen dann die Gitterseite abgeschrägt haben, damit die Vögel stets genügend Licht und Luft bekommen, selbst wenn sie ver-

Ein flacher Transportkäfig dieser Art bewahrt die Vögel vor Verletzungen. Die abgeschrägte Gitterseite bietet ihnen Licht und Luft.

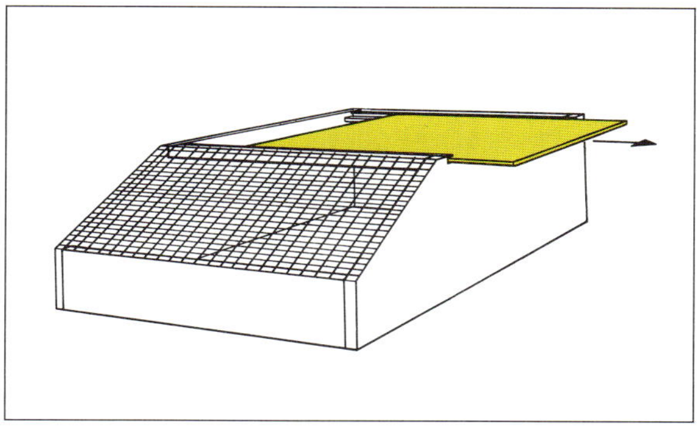

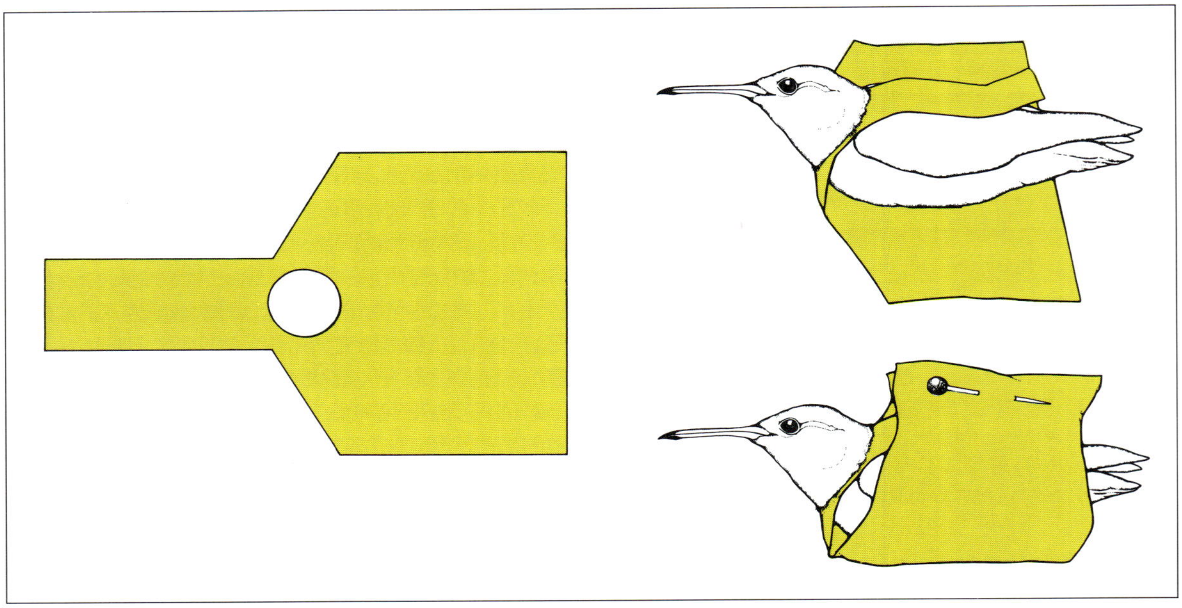

sehentlich einmal zwischen andere Pakete gestapelt würden. Das soll allerdings dadurch verhindert werden, daß Vogelsendungen (und alle anderen Tiersendungen) nur als Sperrgut verschickt werden dürfen.

Ganz besondere Vorkehrungen sind für den Transport von Kolibris zu treffen. Sie sollten stets nur abgeholt und in einem Käfig untergebracht werden, der statt Gitter, mit halbdurchsichtigem Leinenstoff bespannt ist, so H. FOLGER in „Kolibris“ (siehe Literaturverzeichnis). Die Gefahr von Verletzungen kann dadurch während der Reise weitgehend ausgeschaltet werden. Andere

Kolibris können in einem speziellen Käfig aus weichem, teildurchsichtigen Stoff transportiert werden. Es geht aber auch über Nacht in einer sogenannten „Zwangsjacke“.

Autoren raten, die Kolibris abends in „Zwangsjacken“ zu stecken und in schmalen Kastenabteilen zu transportieren. Sie verbrauchen während der nächtlichen Fahrt in ihrem passiven Zustand kaum Energie. Am Morgen sollten sie in ihrer neuen Behausung angekommen sein, wo sie sogleich Nahrung vorfinden müssen.

Die Vogelarten

Karmesinastrild Pironestes sanguineus

Ammern, Pfäffchen, Farbfinken, Kardinäle

Erzpfäffchen, Sporophila cucullata. Länge 13 cm, ist im Norden Brasiliens und in Guayana beheimatet. Dem Weibchen fehlt die schwarze Zeichnung an Kopf und Brust; es ist dort graubraun. Vor allem in Sumpfgebieten und in Grasland kommt dieses Pfäffchen vor, aber auch an Feldrändern und in Gärten. Ist leicht einzugewöhnen, außerhalb der Brutzeit auch friedlich, so daß es dann mit anderen Vögeln eine Voliere bewohnen kann. Für die Zucht muß das Paar getrennt gehalten werden, da es dann sehr angriffslustig ist. Das Nest wird gern in dichtes Gebüsch gebaut, aber auch in Nistkörbchen. Aufzuchtdaten wie bei den übrigen Pfäffchen. Das Männchen läßt fleißig sein hübsches Gezwitscher hören.

Graukardinal, Paroaria coronata. Länge 19 cm, hat seine Heimat im Süden Brasiliens, in Bolivien, Paraguay, Uruguay und im Norden Argentiniens. Buschreiches Grasland, lichte Gehölze, Feldränder und Gärten sind seine Biotope. Das Nest wird in dichtes Gezweig gebaut. Es werden 3–4 Eier gelegt und 14 Tage lang bebrütet. Die Jungen verlassen mit 17 Tagen das Nest und sind 2 Wochen später selbständig. Der Graukardinal ist ein bald sehr zutraulicher Pflegling, in Brutstimmung anderen Vögeln gegenüber sehr aggressiv. Die Zucht ist oft gelungen, auch in einem größeren Käfig. In langgezogenen Flötentönen läßt das Männchen seinen melodischen Gesang hören. Lockt sanft „deut“, warnt scharf „zitt“.

Hellblauer Bischof, Guiraca caerulea. Wird 17 cm lang und bewohnt die USA, mit Ausnahme der nördlichsten Staaten, ferner Mexiko, Mittelamerika und Kuba. Er lebt in Gebüschen entlang der Flußufer, der Felder und Wege. Meist wird das Nest vom Weibchen in einen Dornbusch gebaut. Das Männchen schleppt Nistmaterial heran und singt in schneller, bauchrednerischer Weise von Buschspitzen seines Reviers aus. Dieser kräftigblaue Vogel ist leicht einzugewöhnen und zu halten. Kleineren Vögeln gegenüber kann er zänkisch werden, doch mit etwas größeren kommt er gut aus. Für die Zucht braucht das Paar den Raum und die Deckung einer bepflanzten Voliere, in der es alleine untergebracht werden sollte.

Indigofink, Passerina cyanea. Stammt aus dem Südosten Kanadas und dem Osten und mittleren Westen der USA, wird 13 cm lang. Er ist in parkartiger Landschaft, an Straßenrändern sowie in Gärten anzutreffen. Das kleine Napfnest wird in dichtem Gebüsch versteckt. Das Gelege besteht aus 3–4 Eiern. Die Jungen schlüpfen nach 13 Tagen und verlassen das Nest nach weiteren 13 Tagen. Haltung und Zucht bereiten keine Probleme. Außer zur Brutzeit ist er gegenüber anderen Vögeln friedlich. Wird ein Nistkörbchen, wie für Kanarien, niedrig im Gebüsch befestigt, so wird es auch gern als Nestunterlage angenommen. Das Männchen läßt sein hohes, lebhaftes, nicht sehr abwechslungsreiches Zwitschern wiederholt hören.

Kleiner Kubafink, Tiaris canora. Ist nur 9 cm lang. Seine Heimat ist Kuba, wo er im Unterholz lichter Wälder sowie in dichtem Gebüsch an Feldrändern und in Gärten lebt. Sein kunstvolles Kugelnest baut er in etwa 1 m Höhe in dichte Sträucher. Die hier angebotenen Vögel werden auch hier gezüchtet. Sie sind sehr lebhaft, friedlich und zutraulich. Doch bekämpfen sich zwei Männchen der gleichen Art heftig. Das Nest wird zwar auch in einen halboffenen Nistkasten gesetzt, doch lieber werden Drahtkörbchen als Unterlage angenommen. Hat das Paar erst einmal mit der Brut begonnen, hört es damit nicht mehr auf. Es sollte nach 3 Bruten getrennt werden. Der Gesang ist ein hohes, zirpendes Gezwitscher.

Kurzschnabel-Gilbammer, Sicalis luteola. Wird 11–12 cm lang und kommt vom Süden Mexikos durch Mittel- und Südamerika bis Chile und Argentinien vor. Sie lebt in buschreichem Gelände und auch in Parks, Gärten und auf Plantagen. Während der Balz führt das Männchen Singflüge aus, wobei es ständig hübsche Trillerund Schwirrlaute hören läßt. Das dickwandige, aus Gräsern und Fasern erbaute Nest wird niedrig in Büsche gesetzt. Für die Zucht sollte darum eine Voliere mit zum Teil dichter Bepflanzung zur Verfügung stehen. Die 4–5 Jungen schlüpfen nach einer Brutdauer von 13 Tagen. Mit 15 Tagen verlassen sie das Nest und sind mit 30 Tagen selbständig. Diese Ammer-Art ist stets sanft und friedlich.

Lazulifink, Passerina amoena. 13 cm lang, kommt im südwestlichen Kanada sowie im Westen der USA vor. In Salbeiprärien, an Hängen, Fluß- und Seeufern ist er ebenso anzutreffen wie an Straßen und in Parks. Sein Nest baut er tief in Gestrüpp oder zwischen Krautstengeln. Es wird lose aus Gräsern, Wurzelfasern und Moosen gebaut und mit Pflanzenwolle, Haaren und Spinnweben ausgelegt. Das bräunliche Weibchen ist für den Nestbau und das Bebrüten der 3–4 Eier verantwortlich. Das Männchen singt währenddessen von der Spitze eines nahen Busches aus. Sein Gesang ähnelt dem des Indigofinken und ist auch von Wiederholungen gekennzeichnet. Haltung und Zucht sind mit denen des Indigofinken identisch.

Orangeblaufink, Passerina leclancherii. 13 cm lang, lebt im Südwesten Mexikos, und zwar in buschreichem Gelände. Er wird nicht häufig, manchmal aber in größerer Zahl importiert. Nach sorgfältiger Eingewöhnung ist er ein widerstandsfähiger und sehr zutraulicher Pflegling, der sogar Futtertiere aus der Hand nimmt. Tierische Nahrung ist für ihn eine Notwendigkeit, wenngleich der Orangeblaufink auch Körnerfutter zu sich nimmt. Gegenüber verwandten Vögeln ist er aggressiv, kann aber mit Prachtfinken und kleinen Webern zusammen gepflegt werden. Für die Zucht, die noch nicht allzu häufig gelungen ist, braucht das Paar eine bepflanzte Voliere für sich allein. Der Gesang ist sehr melodisch.

Orangepfäffchen, Sporophila bouvreuil. Nur 9–10 cm lang, kommt im Osten Südamerikas von Guayana bis zum Norden Argentiniens vor. Es hält sich in Schilf und hohem Gras auf und brütet in dichtem Gebüsch. Außerhalb der Brutzeit zieht es oft in größeren Schwärmen umher. Nach der Eingewöhnung bei Zimmertemperatur zeigt es sich widerstandsfähig. Da friedlich, kann es mit anderen kleinen Vögeln einen großen Käfig oder eine Voliere teilen. Die Zucht ist schon gelungen, wobei das Nest in dichtes Gebüsch gebaut wurde. Dieses kleine Pfäffchen braucht nur 11 Tage, um die 2–3 Eier auszubrüten. Die Jungen verlassen in diesem Alter auch schon das Nest. Der Gesang des Männchens ist feines Zwitschern.

Papstfink, Passerina ciris. 14 cm lang, ist in den Südstaaten der USA und im Nordosten Mexikos zu Hause, an Waldrändern, buschreichen Ufern und in Feldgehölzen. In einem dornigen Busch errichtet das Weibchen aus weichen Gräsern das Nest. Es bebrütet auch alleine die 3–5 Eier, aus denen nach knapp 2 Wochen die Jungen schlüpfen. Diese wachsen schnell heran und verlassen schon mit 11 Tagen das Nest. Bei deren Aufzucht hilft das Männchen mit. Dieser hübsche Farbfink ist sehr beliebt und einfach zu halten. Gegenüber anderen Vögeln ist er friedlich und wird meistens auch sehr zahm. Brut und Aufzucht der Jungen gelingt recht leicht. Der Gesang ist helles, sprudelndes und melodisches Zwitschern.

Roter Kardinal, Cardinalis cardinalis. 22 cm lang, bewohnt den Südosten Kanadas, den Osten der USA und Mexiko. In Parks und Gärten sowie in Feldgehölzen, Weg- und Uferbepflanzungen ist er anzutreffen. Das Nest wird in dichtes Gebüsch oder in ein Nadelbäumchen gesetzt. Die Haltung ist in einer Zimmer- oder Gartenvoliere möglich. Für den Winter ist ein Schutzhaus notwendig. Ein einzelnes Männchen (Weibchen werden seltener angeboten), kann mit anderen Vögeln zusammen gepflegt werden. Das Paar sollte eine Voliere für sich haben. Ein Zuchterfolg ist dann wahrscheinlich. Vielseitiges Flöten und Pfeifen beginnt recht laut, verklingt zum Ende der Strophe ganz zart. Das Weibchen singt auch.

Safranfink, Sicalis flaveola. 13 cm lang und in Südamerika von Venezuela bis Argentinien und Uruguay anzutreffen. Sein Lebensraum ist Grasland, das von Büschen und Bäumen durchsetzt ist. So ist er auch in die Nähe des Menschen gerückt und bevölkert mehr und mehr Feldränder, Gärten und Parks. Da er am liebsten in Baumhöhlen, Mauerspalten und unter Dächern brütet, sollten wir ihm für die Zucht einen halboffenen Nistkasten anbieten. Dann sollte das Paar eine kleine Voliere für sich alleine bewohnen dürfen, während es sonst mit allen anderen Vögeln zusammen gehalten werden kann. Der Gesang des Safranfinken-Männchens ist zwar recht leise, aber von sehr schönem, abwechslungsreichem Trillern.

Vielfarbenfink, Passerina versicolor. 13 cm lang, ist vom Süden Arizonas, Neu-Mexikos und Texas durch Mexiko bis nach Guatemala anzutreffen. Er lebt in Dickichten der offenen Gelände, oft an Ufern von Flüssen und Seen. In ein Gebüsch baut das Weibchen das kleine Napfnest, während das Männchen Nistmaterial heranträgt. Dazwischen singt es oft von erhöhter Warte, um anderen Männchen seinen Revierbesitz anzuzeigen. Der Gesang ist von ziemlich leisen Doppelphrasen gekennzeichnet. Auch in unserer Pflege singt das Männchen viel und wird darum manchmal alleine gehalten. Wenn möglich, sollte aber ein Paar gekauft werden, denn ein Zuchterfolg ist nicht nur ein Erlebnis, sondern auch wegen der Arterhaltung anzustreben.

Weißstirnpfäffchen, Sporophila lineola. Länge 11 cm, ist vom Osten und Süden Brasiliens bis zum Osten Boliviens und dem Nordwesten Argentiniens anzutreffen. Es lebt in offenem Gelände, in Sumpfgebieten und an Ufern, auch in Gärten und Parks. Das Nest wird in niedriges Gebüsch gebaut. Brut und Nestlingszeit währen nur jeweils 11 Tage. Die Eingewöhnung sollte bei Zimmertemperatur erfolgen. Danach darf das Weißstirnpfäffchen für den Sommer in eine Gartenvoliere gelassen werden. Zu anderen Vögeln ist es friedlich, doch weitere Paare der eigenen Art werden nicht in der Voliere geduldet. Die Rufe können zart und leise, aber auch hart schilpend sein. Der Gesang des Männchens ist lautes, zum Teil metallisches Trillern.

Zwergkardinal, Lophospingus pusillus. 12 cm lang, hat seine Heimat im Norden Argentiniens, im Westen Paraguays und im Osten Boliviens in buschdurchsetztem Grasland, an Waldrändern und in lichtem Bergwald. Niedrig in Bäumen oder in Büschen legt er sein Nest an, wobei sich beide Partner am Bauen beteiligen. Leicht einzugewöhnen und schnell zutraulich. Auch selbst gegenüber kleinsten Vögeln friedlich. Das gilt nicht, wenn er in Brutstimmung ist. Dann sollte das Paar für sich untergebracht werden. Das Nest wird in Gebüsch, aber auch in halboffenen Nistkästen oder -körbchen gebaut. Der Gesang des Zwergkardinal-Männchens ist flötend und trillernd, der des Weibchens leiser und weicher.

Gimpelartige, Zeisige und Girlitze

Chinagrünling, Chloris sinica.
Länge 14 cm, ist in China, Südostsibirien, Japan und Korea beheimatet. Er lebt an Waldrändern, in Feldgehölzen und Gärten. Sein Nest baut er in dichtes Gebüsch oder Gezweig. Außerhalb der Brutzeit zieht er in kleinen Schwärmen umher, aus den nördlichen Gebieten im Winter nach Süden. Die Eingewöhnung dieses friedlichen Vogels bereitet keine Probleme. Wenn ein Schutzhaus vorhanden ist, darf er auch in die Gartenvoliere. Die Zucht gelingt leicht. Als Unterlage für das Nest wird gern ein Kanarien-Nistkörbchen angenommen. Die Brutdauer beträgt 14 Tage, die Jungen verlassen das Nest mit 17 Tagen. Die Rufe und der Gesang ähneln denen des europäischen Grünlings.

Gelbbauchgirlitz, Serinops flaviventris.
13–14 cm lang, ist im Süden und Südwesten Afrikas verbreitet. Er bevorzugt eine Landschaft mit Gras- und Krautflächen sowie Busch- und Baumgruppen. In einem dichten Gebüsch wird das Nest angelegt, die 3–4 grünlichen Eier vom Weibchen ausgebrütet. Es wird vom Männchen gefüttert. Auch die Jungen füttert es mit. Diese schlüpfen nach 13 Tagen und verlassen mit 17 Tagen das Nest. Meistens wird er als „Großer Mosambikgirlitz" vom Handel angeboten. Er ist nie häufig, aber regelmäßig zu bekommen. Der Gelbbauchgirlitz wird auch wiederholt gezüchtet. Sein Gesang ist bestes Flöten, Zwitschern, Trillern und Rollen, mal feurig schnell, mal verhalten und bedächtig.

Grauedelsänger, Ochrospiza leucopygia. Wird auch Weißbürzelgirlitz genannt. Mit nur 10 cm Länge ist er einer der kleinsten Girlitze. Seine Heimat reicht in Afrika von Senegal bis Äthiopien, zum Sudan und Uganda. Er lebt vor allem in den Büschen entlang der Flüsse, der Wege sowie in Gärten. Das Nest wird in dichtes Gebüsch gebaut. Die 3–4 Eier bebrütet das Weibchen. Nach 13 Tagen schlüpfen die Jungen. Diese bleiben 18 Tage lang im Nest. Die Zucht gelingt leicht in einem großen Käfig, natürlich besser in einer Zimmer- oder Gartenvoliere. Der Gesang des Grauedelsängers ist hübsches, lerchenhaft jubilierendes Zwitschern und Trillern. Viele Männchen werden deshalb als Einzelvögel gehalten.

Hausgimpel, Erythrina mexicana. 14 cm lang, ist vom Südwesten Kanadas durch die westlichen USA bis zum Süden Mexikos verbreitet. Er bewohnt buschreiches Gelände in Gewässernähe, hat sich in letzter Zeit zunehmend in Menschennähe angesiedelt. Sein Nest baut er in Hekken, zwischen Kletterpflanzen an Hauswänden, auch in Schwalbennestern und Nistkästen. Er ist leicht einzugewöhnen, auch friedlich, außer gegenüber Vögeln mit ähnlicher Rotfärbung wie er selbst. Im Sommerhalbjahr darf er in die Gartenvoliere, wo die Zucht am leichtesten gelingt. Nur das Weibchen brütet, das Männchen hilft bei der Aufzucht der Jungen. Das Männchen singt hell flötend und glucksend, mit langgezogener Endstrophe.

Himalajagrünling, Chloris spinoides. Länge 13 cm, lebt im Himalajagebirge von Pakistan bis zum Westen Burmas, wo er in Höhen von 1200 bis 4000 m vorkommt. Licht bewaldete Berghänge, Waldränder und Plantagen sind sein Lebensraum. Das Nest wird in Gebüsch oder in Laub- und Nadelbäumen versteckt. Mehrere Paare brüten oft friedlich in benachbarten Bäumen. Der Himalajagrünling ist leicht einzugewöhnen, friedlich und anspruchslos. Er läßt sich im großen Käfig, in der Zimmer- wie in der Gartenvoliere halten. Bei der Zucht sollte man das Paar alleine unterbringen, da es sonst aggressiv werden kann. Mit seinen ähnlichen Lautäußerungen zeigt er seine Verwandtschaft zum heimischen Grünling an.

Kanariengirlitz, Serinus canaria. Ist mit 12 cm Länge kleiner als die meisten aus ihm hervorgegangenen Zuchtrassen. Außer auf den Kanarischen Inseln lebt er auf Madeira und den Azoren. Er ist in Gelände anzutreffen, in dem sich Grasflächen und Baumbestände abwechseln, etwa in Obstbaumplantagen. Nach Europa wird der „wilde" Kanarienvogel nur selten gebracht. Er ist schwer einzugewöhnen und braucht neben Wärme sorgfältige Pflege und Ernährung. Für die erste Zeit ist er am besten in einem geräumigen Käfig untergebracht. Für die Zucht sollte das Paar jedoch eine Zimmervoliere mit reichlich Gesträuch erhalten. Rufe und Gesang sind typisch kanarienhaft, jedoch vielseitiger und feuriger.

Kapuzenzeisig, Spinus cucullatus. 11 cm lang, lebt im Norden Venezuelas und im Nordosten Kolumbiens. In buschreichem Gelände hält er sich in kleinen Flügen auf, immer auf der Suche nach Samen verschiedener Kräuter. Für die Brut sondern sich die Paare ab und besetzen eigene Reviere. In dichtem Gebüsch wird das Nest versteckt, das Männchen und Weibchen gemeinsam bauen. Früher wurde der Kapuzenzeisig zahlreich importiert, um seine rote Farbe in die Kanarien einzukreuzen. Heute sind alle angebotenen Vögel hier gezüchtet. Darum können sie im Sommerhalbjahr sogar in der Gartenvoliere gehalten werden, natürlich mit angeschlossenem Schutzhaus. Der Gesang ist hübsches Trillern und Zwitschern.

Karmingimpel, Erythrina erythrina. Länge 15 cm, kommt im Osten und Nordosten Europas sowie in Asien bis zur Mongolei, dem Westen Chinas, dem Norden Irans und Iraks sowie in der Türkei vor. Er lebt in buschreichen Feuchtgebieten, brütet gern in Brombeer- oder Rosenbüschen. Nur das Weibchen baut das Nest und bebrütet die 4–5 Eier, beide Eltern füttern die Jungen. Als Zugvogel überwintert der Karmingimpel im Süden Asiens. Seine Haltung ist im großen Käfig und in der Voliere möglich. Im Winter ist es für ihn in der Gartenvoliere zu kalt, außer an schönen Tagen. Für die Zucht im Frühling ist die Außenvoliere mit viel Gebüsch ideal. Der Gesang des Männchens ist ein mehrsilbiges Pfeifen.

Magellanzeisig, Spinus magellanicus. 12 cm lang, ist vom Süden Argentiniens bis zum Süden Kolumbiens und Venezuelas beheimatet. Er bewohnt lichten Wald, Waldränder, Plantagen, buschreiche Gärten, Ufer und Wegränder. In kleinen Flügen sucht er ölhaltige Sämereien, Knospen, Grünes und Insekten. Letztere sind für die Aufzucht der Jungen besonders begehrt. Seine Haltung ist einfach, nachdem er sich bei Zimmertemperatur eingewöhnt hat. Er wird auch recht zutraulich. Als Paar kann er in einem großen Käfig oder in einer kleinen Zimmervoliere gepflegt werden. Bald wird es in einem Kanarien-Nistkörbchen ein Nest bauen, wenn es mit Gezweig umgeben ist. Der Gesang ist hübsches Trillern und Zwitschern.

Mosambikgirlitz, Ochrospiza mozambica. 12 cm lang, kommt nicht nur in Mosambik, sondern fast überall im tropischen Afrika vor. Savannen und anderes buschdurchsetztes Gelände sind sein Lebensraum. So besiedelt er auch Plantagen und Gärten. Während er außerhalb der Brutzeit in kleinen Flügen umherzieht, besetzt er als Paar ein Revier, um es für die Zeit der Brut und Aufzucht der Jungen zu verteidigen. Dann läßt das Männchen besonders häufig sein lautes, melodisches Trillern hören. Nur für die Eingewöhnung braucht der Mosambikgirlitz etwas Wärme. Später kann er im Sommer sogar in die Gartenvoliere gelassen werden. Auch in einer Zimmervoliere brütet das Pärchen und nimmt gern ein Kanarien-Nistkörbchen an.

Rosengimpel, Carpodacus roseus. 15 cm lang, stammt aus dem östlichen Sibirien bis zur Amurmündung und Sachalin. Auf der japanischen Insel Hokkaido ist er manchmal als Wintergast anzutreffen. Er bewohnt in seiner Heimat lichte Nadelholzwälder im Gebirge, hinauf bis zur Baumgrenze. In letzter Zeit wird der Rosengimpel öfter angeboten. Anfangs etwas scheu, kann er ein zutraulicher Vogel werden. In einer Gartenvoliere fühlt er sich ebenso wohl wie in der Innenvoliere. Sie sollte mit kleinen Nadelbäumen ausgestattet sein. Die Zucht gelingt leicht. Die 4–5 blaßblauen Eier werden 12–13 Tage bebrütet, die zuerst nackten Jungen fliegen mit 16 Tagen aus. Das Männchen singt leise zwitschernd.

Rotflügelgimpel, Rhodopechys sanguinea. Länge 15 cm, lebt sowohl im Atlasgebirge Nordafrikas als auch in nordarabischen, türkischen und iranischen Hochländern. Er hält sich vor allem auf dem Boden auf, wo er in kleinen Trupps nach den Samen der spärlich wachsenden Gräser und Kräuter sucht. Den Nistplatz findet er zumeist zwischen Geröll und Felsnischen. Als friedlicher Vogel kann er in einem großen Käfig oder auch in einer Voliere gehalten werden. Er braucht eine dicke Sandschicht und einige große Steine. Auf Zweigen sitzt er dagegen nicht so gern. Seine Zucht ist schon mehrfach in halboffenen Nistkästen in Bodennähe gelungen. Zwitschern, Trillern und Quäken sind Teile seines Gesangs.

Weißflügelgimpel, Rhodospiza obsoleta. 14 cm lang, ist von Israel, Syrien und dem Südosten der Türkei durch Irak, Iran und Afghanistan bis nach Nordwestpakistan und dem nordwestlichen China verbreitet. Er ist häufig in Gebieten mit Büschen und Bäumen zu finden.- Darum ist er auch an Straßen- und Feldrändern sowie in Gärten anzutreffen. Sein Nest ist im Gebüsch und in kleinen Bäumen, sonst auch in Felsnischen und zwischen Geröll. Der Zügel ist beim Männchen schwarz, beim Weibchen rosa. Während der Brutzeit ist bei beiden der Schnabel schwarz, sonst hornbraun. Die Haltung in einer Voliere ist einfach, die Zucht schon öfter gelungen. Singt trillernd, zwitschernd, glucksend und schnurrend.

Wüstengimpel, Bucanetes githagineus. Auch Wüstentrompeter genannt, ist 12 cm lang. Er bewohnt die Kanarischen Inseln, Nordafrika, das nördliche Arabien, den Iran und Afghanistan. Dort ist er in den trockensten, fast vegetationslosen Steinwüsten anzutreffen. Weithin ist sein quäkendes und andauerndes Trompeten zu hören, vor allem vom Männchen während der Brutzeit. Dann ist dessen Schnabel rot gefärbt, während er in der Ruhezeit wie beim Weibchen gelb ist. Eignet sich gut für die Zimmer-, im Sommer auch für die Gartenvoliere. Anderen Vögeln gegenüber kann er sich streitsüchtig zeigen. Die Zucht gelingt leicht, wobei das Nest auf den Boden oder dicht darüber in ein Körbchen gebaut wird.

Prachtfinken

Amarant, Lagonosticta senegala. 9 cm lang, auch Senegalamarant genannt, lebt von Senegal in Westafrika bis Ost- und Südafrika in allen geeigneten Biotopen. Das sind Savannen und Steppen, aber auch Feldränder, Gärten, Ortschaften. Dort wird sogar an und in Gebäuden gebrütet. Er ist anfangs empfindlich und muß bei Zimmertemperatur eingewöhnt werden. Nach etwa einem Vierteljahr hat er sich an unser Klima angepaßt und kann im Sommer in die Gartenvoliere gelassen werden. Er muß aber jederzeit einen mäßig geheizten Innenraum aufsuchen können. Bald wird er brüten und seine Jungen zuverlässig aufziehen. Der Gesang ist ein langgezogenes Flöten, das auch vom Weibchen zu hören ist.

Bandfink, Amadina fasciata. 12 cm lang, verdankt dem roten Kehlband seinen Namen. Er kommt im Norden und Osten des tropischen Afrika vor, außer in Savannen und Wüstenrandgebieten auch an Feldrändern, in Gärten und Ortschaften. Sein Nest baut er in dichte Büsche oder Bäume, nimmt aber viel lieber Webervogelnester an. Nichtbrütende Vögel sind oft in großen Schwärmen anzutreffen. Der Bandfink ist sehr leicht zu halten und zu züchten, oft aber auch ein arger Störenfried für die Mitbewohner der Voliere. Darum sollte er für die Zucht paarweise in einem großen Käfig gehalten werden. Dem Weibchen fehlt jegliches Rot an Wangen und Kehle. Der Gesang des Männchens ist leise zwitschernd und flötend.

Binsenamadine, Bathilda ruficauda. 11 cm lang, bewohnt den Norden und Osten Australiens, wo sie in Schilf- und Grasdickichten lebt. Ihr Nest baut sie zwischen Gräser oder ins Gezweig der Büsche und Bäume. Im östlichen Verbreitungsgebiet ist sie häufig an Feldrändern anzutreffen, wo sie in lockeren Kolonien brütet. In der Voliere oder im größeren Käfig kann für die Zucht nur ein Paar untergebracht werden, denn es fehlen die Ausweichmöglichkeiten wie in der Natur. In brutfreien Zeiten vertragen sich die Binsenamadinen untereinander dagegen gut. Der Gesang des Männchens ist ein abwechselndes Flöten und Trillern und endet mit einem Schnurren. Er wird auch mit einer Halmbalz verbunden.

Braunrückenelsterchen, Spermestes bicolor nigriceps. 9 cm lang, eine Unterart des Glanzelsterchens. Es kommt von Ost- und Südafrika zu uns. Dort lebt es in Gebüschen entlang der Ufer und der Waldränder, in der Buschsavanne, aber auch auf Kulturland und in Ortschaften. Sein Nest legt es in dichtem Gestrüpp und Gezweig an, auch in Grasdächern der Hütten. Es ist leicht einzugewöhnen und ein robuster Pflegling. Die Verträglichkeit gegenüber anderen Prachtfinken ist individuell verschieden. Meistens kann es nur außerhalb der Brutzeit in der Gesellschaftsvoliere gehalten werden. Es braucht viel Platz mit Verstecken für eine erfolgreiche Zucht. Der Gesang des Männchens ist ein leises Zwitschern.

Buntastrild, Pytilia melba. 13 cm lang und bewohnt fast ganz Afrika südlich der Sahara. Er lebt in Bodennähe in dichtem Gebüsch und Unterwuchs lichter Wälder, aber auch in Dornbüschen der Savannen. In diese baut er am liebsten sein Nest. Zeigt sich in der Eingewöhnungsphase etwas empfindlich, weshalb dann eine Temperatur von 24° C ratsam ist. Später reichen 20° C aus. Für ihn ist eine geräumige Zimmervoliere mit Gesträuch und lebenden Pflanzen ratsam. Da nicht friedlich, ist das Paar darin alleine zu pflegen. Dann kann es auch zum Zuchterfolg kommen. Reichlich tierische Nahrung ist dafür erforderlich. Der Gesang ist einer der schönsten unter den Prachtfinken. Das Weibchen singt weniger klangreich.

Dreifarbennonne, Munia malacca malacca. 12 cm lang, ist auf Sri Lanka und im südlichen Teil Indiens zu Hause, vor allem im Grasland und sumpfigem Gelände. Ihr Nest baut sie in Bambus- und Schilfdickichte, zunehmend auch in Hecken der Gärten und Feldränder. Sie bildet Kolonien und kann zur Reife in riesigen Schwärmen über den Reis herfallen. Als Gruppe in der Voliere gehalten, ist sie ein interessanter Vogel. Dann können sich auch Paare finden und erfolgreich ihre Jungen aufziehen. Die Dreifarbennonne ist ganz friedlich wie ihre nahen Verwandten auch. Mit Ausnahme des Winters darf sie auch die Gartenvoliere bewohnen. Der leise Gesang des Männchens endet mit einem langgezogenen Pfiff.

Dybowskis Tropfenastrild, Euschistospiza dybowskii. Wird 12 cm lang und ist in Zentralafrika beheimatet. Dort bewohnt er dichtes Gebüsch entlang von Waldrändern, Gewässern und Wegen. Er hält sich viel in Bodennähe auf, wo Insekten und Sämereien gesucht werden. Auch sein Nest errichtet er dicht über dem Boden zwischen Kräutern oder Gezweig dorniger Büsche. In einer großen Voliere, in der durch Pflanzen Versteckmöglichkeiten geboten werden, fühlt er sich am wohlsten, im Sommer auch in einer Gartenvoliere. Die Aufzucht der Jungen gelingt dann recht gut, wenn auch viele kleine Futtertiere geboten werden. Der Gesang ist besonders schön, melodisch und abwechslungsreich. Auch das Weibchen singt.

Gemalte Amadine, Emblema picta. 10 cm lang und bewohnt das nordwestliche und innere Australien, Gebiete, in denen oft kein Baum und Strauch wächst. In diesen Halbwüsten und Steppen lebt sie in der Nähe von Wasserstellen und brütet in dichten Grasbüscheln. Als zutraulicher Pflegling fühlt sich die Gemalte Amadine vor allem einer Zimmervoliere wohl, kann aber auch in einem sehr großen Käfig gehalten und gezüchtet werden. In einer Voliere können sogar mehrere Paare Gemalte Amadinen und andere Prachtfinken gemeinsam brüten, ohne sich zu streiten. Bis die Jungen schlüpfen, braucht es bei dieser Art 15–16 Bruttage. Die etwas leiernd vorgetragene Gesangsstrophe wird oft in langer Folge wiederholt.

Goldbrüstchen, Sporaeginthus subflavus. Wird 9 cm lang und ist in den Gras- und Schilfgebieten fast ganz Afrikas zu Hause. Es hält sich viel am Boden auf und baut auch sein Nest ganz niedrig in dornige Büsche. Häufig richtet es auch Nester anderer Vögel für seine Bedürfnisse her. Außerhalb der Brutzeit ist das Goldbrüstchen in oft großen Schwärmen auf der Futtersuche unterwegs. Da sehr friedlich, kann es mit anderen Vögeln zusammen untergebracht werden, auch in einer Gartenvoliere, solange es einigermaßen mild ist. Die Zucht gelingt recht leicht. Es werden zumeist 5 Eier gelegt. Nach 14 Tagen schlüpfen die Jungen, die mit 21 Tagen das Nest verlassen. Der Gesang der Goldbrüstchen ist ein eintöniges „zilp-zalp".

Gouldamadine, Chloebia gouldiae. Wird 13–14 cm lang. Ihre Heimat ist Australien, und zwar die heißesten Gebiete des Nordens. Dort brütet sie kolonieweise in Höhlen alter Eukalyptusbäume in der Nähe einer Wasserstelle. Früher war die Gouldamadine recht empfindlich und wärmebedürftig, kann heute aber gut bei Zimmertemperatur gehalten und gezüchtet werden. Ein Pärchen sollte harmonieren, dann bereitet die Zucht keine Schwierigkeiten. Die zumeist 4–6 Jungen schlüpfen nach einer Brutdauer von 14 Tagen und sind im Alter von 22 Tagen flügge. Die jungen Gouldamadinen sind graugrün und brauchen fast ein halbes Jahr, um in das Prachtgefieder zu mausern. Der Gesang ist ein hübsches, aber leises Zwitschern.

Grauastrild, Estrilda troglodytes. 10 cm lang, ist von Senegal bis Äthiopien quer durch das nördliche Zentralafrika verbreitet. Er bevorzugt buschreiches Grasland und baut das Nest zumeist auf den Boden, unter Grasbüscheln versteckt. Leicht einzugewöhnen und schnell zutraulich. Er kann sowohl in einem größeren Käfig als auch in einer Zimmer- oder Gartenvoliere gehalten werden. Da äußerst lebhaft und gewandt, fühlt er sich in der Voliere wohler. Darin brütet er auch bereitwillig. Die Jungen zieht er jedoch meistens nur dann groß, wenn er ausreichend kleine Futtertiere zur Verfügung hat. Der Gesang ist laut flötendes „pitsiee", das, mit einem Halm im Schnabel, gereiht vorgetragen wird.

Kleinelsterchen, Spermestes cucullatus. 9 cm lang, bewohnt fast ganz Afrika südlich der Sahara. Es ist sehr anpassungsfähig, weshalb es von Savannen bis hin zu lichtem Wald in fast allen Biotopen anzutreffen ist, selbst auf Feldern, in Gärten, Dörfern und Städten. Sein Nest baut es niedrig in Gebüsch, nimmt aber auch gern Webernester und Mauerlöcher an und findet manchmal seinen Nistplatz unter einem Hausdach. Es ist ein anspruchsloser und ausdauernder Pflegling, der leider den Nachteil hat, daß er anderen Vögeln gegenüber sehr unverträglich ist. Es brütet leicht und zuverlässig, muß aber als Paar für sich in der Voliere untergebracht sein. Nur das Männchen singt leise und schnell zwitschernd.

Lauchgrüne Papageiamadine, Erythrura prasina. Erreicht eine Länge von 15 cm und ist von Thailand und Laos bis Sumatra, Java und Borneo verbreitet. Sie lebt in Dickichten an Waldrändern und ernährt sich von Grassamen. Wenn der Reis reift, ist sie in oft großen Schwärmen in den Feldern zu finden. Das Nest wird in Bambusbüschen und zwischen Lianen auf Bäumen errichtet und hat einen großen Einschlupf an der Seite. Die Haltung dieser lebhaften Papageiamadine mit ihrem reißenden Flug ist nur in einer größeren Zimmervoliere ratsam, für den Sommer auch mit Anschluß an eine Gartenvoliere. Naturreis, möglichst gekeimt, stets als Hauptnahrung geben! Der Gesang des Männchens ist knisternd und scharf zirpend.

Muskatfink, Lonchura punctulata. 12 cm lang, ist in weiten Teilen Südasiens beheimatet, im Osten Australiens durch den Menschen eingebürgert. Er paßt sich allen Lebensräumen an und ist vielfach zum Kulturfolger geworden. Auf Reisfeldern kann er zur Plage werden. Der Muskatfink wurde schon vor über hundert Jahren gehalten und gezüchtet. Am liebsten lebt er als kleiner Schwarm in einer mit Schilf und Gezweig ausgestatteten Voliere. Darin kommt sein interessantes Verhalten voll zur Geltung. Auch gelingt darin die Zucht am leichtesten. Da friedlich, können auch andere Vögel die Voliere mitbewohnen. Das Männchen ist an seinem leisen, trillernden, schnurrenden und pfeifenden Gesang zu erkennen.

Orangebäckchen, Estrilda melpoda. Nur 10 cm lang, lebt in Westafrika von Senegal bis Angola, allerdings nicht in dichten Wäldern, sondern an Wald- und Feldrändern sowie in Gärten. Es hält sich viel in Bodennähe oder direkt am Boden auf, wo es unter Grasbüscheln auch oft sein Nest versteckt. Sonst wird es niedrig in dichtes Gebüsch gebaut. Es erhält eine längere Einschlupfröhre und ein Dachnest obenauf. Mit diesem sollen Feinde abgelenkt werden. Das stets lebhafte Orangebäckchen ist ein friedlicher und ausdauernder Pflegling. Die Zucht gelingt nicht leicht, da die Eltern die Eier oder Jungen oft schon bei dem geringsten Anlässen verlassen. Ein zirpendes Zwitschern ist von beiden Partnern zu vernehmen.

Perlhalsamadine, Odontospiza caniceps. 12 cm lang, lebt in Ostafrika. Bewohnt Grassteppen, in denen kleine Bäume und dichtes Gebüsch vorhanden sein müssen, außerdem eine Wasserstelle. In einen Dornbusch wird das umfangreiche Nest gebaut, das eine lange Einschlupfröhre aufweist. Die Perlhalsamadine ist leicht zu halten, hat immer ein glattes Gefieder und ein angenehmes Wesen. Allen anderen Vögeln gegenüber ist sie friedlich und gut für eine Gemeinschaftsvoliere geeignet. Darin schreitet sie auch leicht zur Brut, wobei sie ihr Nest entweder in dichtes Gestrüpp oder in einen großen Nistkasten baut. Nur das Männchen läßt den Gesang hören, der leise perlend beginnt und sich zu einem lauten Zwitschern steigert.

Reisfink, Padda oryzivora. Ist mit 14 cm Länge ein stattlicher Vogel, verglichen mit anderen Prachtfinken. Seine Heimat sind die Inseln Java und Bali, doch wurde er schon in früheren Jahrhunderten durch den Menschen über weite Teile Südasiens verbreitet. Er hat sich zum Kulturfolger entwickelt und brütet sogar unter Hausdächern, sonst im Gebüsch und in Baumhöhlen der Gärten und Parkanlagen. Im Käfig ist es ratsam, ein einzelnes Pärchen zu pflegen. In der Voliere kann er mit anderen Vögeln zusammensein, da friedlich. Er ist robust und darf daher ganzjährig in der Gartenvoliere leben, wenn er jederzeit die Möglichkeit hat, einen Innenraum aufzusuchen. Der Gesang des Männchens ist klingelnd.

Rotkopfamadine, Amadina erythrocephala. 13 cm lang, kommt aus Südafrika zu uns. Dort lebt sie in Steppen und Halbwüsten, wo sie am liebsten in den großen Siedelwebernestern brütet, und zwar gesellig mit den Webern und weiteren Paaren der eigenen Art. In Bauern und Volieren ist sie jedoch meistens ein Störenfried, weshalb ihre paarweise Unterbringung angebrachter ist. Gut eingewöhnt oder hier gezüchtet erweist sie sich als zuverlässiger Brutvogel. Das Gelege besteht aus 4–6 Eiern und wird ca. 13 Tage bebrütet. Die Jungen verlassen mit 3 Wochen das Nest. Dem Weibchen fehlt das Rot im Kopfgefieder. Der Gesang des Männchens ist ein schnelles Schnurren, die Rufe sind einfaches Schilpen.

Rotköpfige Papageiamadine, Amblynura psittacea. 12 cm lang, hat ihre Heimat auf der Insel Neu-Kaledonien, östlich vor Australien. Sie lebt in buschreichem Grasland und an Waldrändern. Das umfangreiche Nest wird in dichte Büsche und Bäume gebaut. Im Gegensatz zu anderen Papageiamadinen nicht stürmisch. Sie kann darum nicht nur in Zimmer- und Gartenvolieren gehalten werden, sondern auch in großen Käfigen. Die Zucht gelingt am besten in einem Nistkasten wie für Wellensittiche. Nach 14tägiger Brut schlüpfen die 4–6 Jungen, für deren Aufzucht viel tierische Nahrung erforderlich ist. Mit gut 3 Wochen verlassen sie das Nest. Der Gesang des Männchens ist ein langgezogener, hoher Triller.

Schmetterlingsfink, Uraeginthus bengalus. 13 cm lang, kommt von Senegal bis Äthiopien und südwärts bis Tansania in weiten Teilen des zentralen Afrikas vor. Er lebt in offener Graslandschaft, die von dichtem Gebüsch durchsetzt ist. Gern brütet er in Dorn- und Ufergebüsch. Nach der Eingewöhnung bei Zimmertemperatur erweist er sich als robuster Pflegling, der im Sommer auch in die Gartenvoliere gelassen werden kann. Sonst ist eine Zimervoliere richtig für ihn, da er für einen Käfig zu lebhaft ist. In der Voliere gelingt auch die Zucht, wenn ausreichend kleine Futtertiere geboten werden. Männchen und Weibchen des Schmetterlingsfinken lassen das etwas gequetscht klingende Zwitschern und Flöten hören.

Silberschnäbelchen, Euodice cantans. 11 cm lang und lebt in West- und Ostafrika südlich der Sahara, im Osten südwärts bis Kenia. Bewohnt die Savannen, wo es in Büschen brütet, vor allem in Gewässernähe. Ist auch auf Plantagen, an Feldrändern und selbst in Ortschaften anzutreffen. Hier wird das Nest sogar unter Hausdächern angelegt. Der Vogel ist farblich zwar unscheinbar, aber einer der liebenswertesten Prachtfinken, friedlich und bald auch ganz zutraulich. Seine Jungen zieht es zuverlässig auf. Den hübschen Gesang, der aus leisem Klingeln und Wispern besteht, läßt nur das Männchen hören. Er ist das einzige Unterscheidungsmerkmal gegenüber dem gleich gefärbten Weibchen, das nur den kurzen Lockruf ausstößt.

Spitzschwanzamadine, Poephila acuticauda. Erreicht aufgrund der langen Schwanzspieße eine Länge von 17 cm. Sie hat ihre Heimat im Norden Australiens, wo sie in Savannen und Steppen lebt. Mehrere Paare brüten in lockerer Kolonie in Baumhöhlen oder im dichten Gezweig. Wo Bäume fehlen, wird auch in Gebüsch oder im Gras gebaut. Sie ist ein genügsamer, munterer und zutraulicher Prachtfink, dessen Zucht ganz leicht ist. Wichtig ist nur, daß sich die Partner sympathisch sind. Sie unternehmen stets alles gemeinsam und halten ihr Leben lang treu zusammen. Das Männchen ist an seinem flötenden Gesang vom gleich gefärbten Weibchen zu unterscheiden. Dieses hat Weichenbänder und den Kehllatz schmaler.

Tigerfink, Amandava amandava. 9 cm lang und von Indien über Indochina bis nach Java und den Kleinen Sundainseln verbreitet. Er lebt in Gras- und Schilfbeständen, auch im Gebüsch an Weg- und Feldrändern sowie in Gärten. Das Nest wird niedrig in Büsche oder zwischen Gräser gesetzt. Dieser hübsche Prachtfink, bei dem das Männchen jährlich nach der Brutzeit in ein Ruhekleid wechselt, ist leicht zu halten. Am besten lebt er in einer Gartenvoliere, wo er gern in dichtem Gebüsch sein Nest baut und die Jungen zuverlässig großzieht. Für den Winter gehört er jedoch in eine Zimmervoliere. Der Gesang besteht aus wohlklingenden und abwechslungsreichen Zwitscher- und Flötentönen. Auch das Weibchen singt.

Zebrafink, Taeniopygia guttata. 11 cm lang, ist über fast ganz Australien verbreitet. In Steppen und Savannen kommt er ebenso vor wie auf Kulturland. Er kommt sogar in Gärten und Höfe und brütet an und in Gebäuden, sonst recht gesellig in dichten Büschen. Er ist der bekannteste und robusteste Prachtfink, zu dem jedem Anfänger geraten werden kann. Eine Eingewöhnung entfällt, da alle Zebrafinken seit Jahrzehnten hier gezüchtet werden. Im allgemeinen ist er friedlich, doch in Brutstimmung können andere Mitbewohner der Voliere gejagt werden. Er brütet in Körbchen und Kästen aller Art und zieht die Jungen fast immer auf. Rufe klingen trompetend, der Gesang des Männchens glucksend und flötend.

Webervögel, Witwen und Sperlinge

Blutschnabelweber, Quelea quelea. Wird 12 cm lang und bevölkert fast ganz Afrika. Steppen, Savannen und Kulturland werden von ihm bewohnt. Er brütet kolonieweise und hängt die Nester im Gebüsch oder zwischen hohen Gräsern oder Schilfhalmen auf. Außerhalb der Brutzeit in oft riesigen Schwärmen unterwegs, wobei Hirse- und Getreidefelder geplündert werden. Er ist leicht einzugewöhnen und zu pflegen. In einer größeren Voliere kann die Zucht gelingen. Das Männchen baut ständig Nester, auch wenn kein Weibchen anwesend ist. Da stets friedlich, kann der Blutschnabelweber mit anderen Vögeln die Voliere teilen, selbst mit kleineren. Das balzende Männchen läßt zischende und quietschende Laute hören.

Braunrücken-Goldsperling, Auripasser luteus. 13 cm lang, ist von Mali in Westafrika bis zum Küstengebiet Äthiopiens verbreitet. Er lebt in Schwärmen in den Savannen, an Feldrändern und in Ortschaften. In Sträuchern und niedrig auf Bäumen werden kolonieartig die großen, ovalen Nester angelegt. Der am häufigsten gehaltene und gezüchtete Sperling. Da widerstandsfähig und friedlich, läßt er sich gut in einer Gartenvoliere und in Gesellschaft kleiner Prachtfinken halten. Zur Zucht sollte er in eine ruhige Voliere gesetzt werden, da die Art gegenüber Störungen am Nest etwas empfindlich ist. Nur das Weibchen brütet, das Männchen hilft aber bei der Aufzucht der Jungen, die besonders viel tierische Nahrung benötigen.

Dominikanerwitwe, Vidua macroura.
Wird 13 cm lang. Im Prachtkleid kommen noch 20 cm lange, wenig gebogene Schwanzfedern hinzu. Sie bewohnt fast ganz Afrika südlich der Sahara. Ihre Eier legt sie in die Nester von Wellenastrild und Grauastrild, die das fremde Junge mit ihren eigenen zusammen aufziehen. Züchtungen sind auch schon mit Hilfe des Amaranten und des Silberschnäbelchens gelungen. Die Dominikanerwitwe kann die Mitbewohner der Voliere durch ihre Scheinangriffe beunruhigen. Besonders am Futternapf scheucht sie diese gern auf. Darum sollte für mehrere Futterstellen gesorgt werden, eventuell auch unter einem Dach. Das Männchen singt zirpend und zwitschernd, ruft bei Rüttelflügen scharf „zipp".

Dotterweber, Textor vitellinus.
Länge 14 cm, lebt von Senegal bis Somalia und dem Norden Tansanias. Er ist ein Vogel der Dornbuschsavanne, in der er allerdings keine großen Brutkolonien bildet. Das ovale Nest wird an die Zweigenden gehängt. Das Weibchen kümmert sich um die Brut und Aufzucht der Jungen. Von allen Webern ist dieser am bekanntesten und beliebtesten. Das liegt an seinem zutraulichen und friedfertigen Wesen. Er ist nicht stürmisch und darum auch in einem großen Käfig zu pflegen. Für die Zucht, die schon häufig gelungen ist, bietet die Voliere aber bessere Voraussetzungen. Die Stimme des balzenden Männchens ist zischend, knatternd und kreischend, doch nicht sehr laut.

Feuerweber, Euplectes franciscanus. Wird 12 cm lang und bewohnt die Savannen, Schilfgürtel und Ufergebüsche von West- bis Ostafrika. Im graubraunen Ruhekleid, es sieht aus wie das der Weibchen, ist das Männchen ganz friedlich. Doch im feuerroten Hochzeitsstaat jagt er oft die Mitbewohner, plustert sich zu einer Kugel auf und ist ganz mit der Balz beschäftigt. Wenn es mit der Aufzucht klappen soll, braucht der Feuerweber 3–4 Weibchen in einer großen Voliere. Ein einzelnes Weibchen wird oft pausenlos gejagt, so daß es nicht zum Brüten kommt. Heiseres Zischen, Schnarren und Schilpen begleitet die Balz. Der Feuerweber wird oft auch Orangeweber genannt, weil er bei uns bald diese Farbe zeigt.

Flammenweber, Euplectes hordeaceus. 13 cm lang, stammt von Senegal bis Äthiopien, ferner südwärts bis Angola und Mosambik. In Grasland, Schilf und Gebüsch ist er anzutreffen. Er ist leicht einzugewöhnen und erweist sich als lebhaft und friedlich. Nur während der Brutzeit, die mit dem Anlegen des Hochzeitskleides durch das Männchen eingeleitet wird, kann er andere Volierenbewohner jagen. Zuchterfolge sind nicht allzu schwer zu erzielen, wenn genügend Platz und Gebüsch vorhanden sind und mehrere Weibchen die Voliere mit dem Männchen teilen. Das Männchen zischt, zwitschert und kreischt während des Balzfluges und plustert sich dabei auf, so daß er wie eine schwirrende Kugel aussieht.

Jacksonweber, Textor jacksoni. 15 cm lang, hat sein Verbreitungsgebiet vom Sudan über Westkenia bis zum Innern Tansanias. Er lebt in Schwärmen in der Nähe von Seen, Sümpfen und Flüssen. Das ovale Nest wird an Zweige von Büschen und Bäumen gewebt, die über das Wasser hängen. Nur das Weibchen brütet die 2–3 türkisfarbenen, braun gefleckten Eier aus und kümmert sich allein um die Aufzucht der Jungen, die mit 3 Wochen ausfliegen. Sie werden vor allem mit Insekten gefüttert, während sonst Körnerfutter im Vordergrund steht. Dieser Weber ist robust, recht verträglich und nicht so stürmisch wie manche seiner Verwandten. Das Männchen baut emsig Nester, balzt und singt krächzend, auch ohne Weibchen.

Madagaskarweber, Foudia madagascariensis. 14 cm lang, hat seine Heimat auf Madagaskar, wurde außerdem auf zahlreichen Inseln des Indischen Ozeans eingebürgert. Außerhalb der Brutzeit ist er gesellig und in oft großen Schwärmen anzutreffen. Dann besucht er gern Reisfelder, während er sonst in der Nähe von Gewässern und in Sumpfgebieten lebt. Das Nest wird niedrig in Bäumen oder Büschen errichtet. Er wird nur selten eingeführt, aber bereits gezüchtet. Die Balz verläuft sehr stürmisch. Das Weibchen sucht in der Voliere einen geeigneten Nistplatz, baut das Nest alleine und brütet die 3–4 bläulichgrünen Eier aus. Der Gesang ist grillenartiges, hohes Zirpen, ferner tiefes, melodisches „wuk-wuk-wuk“.

Paradieswitwe, Steganura paradisaea. Erreicht im Prachtkleid bis 40 cm Länge, sonst 15 cm. Ihr Lebensraum stimmt in Afrika mit dem des Buntastrilds überein, bei dem sie Brutparasit ist. Das schlicht gefärbte Weibchen legt jeweils ein Ei zu denen ihrer Brutwirte. Diese ziehen das täuschend ähnlich aussehende Junge zusammen mit ihren eigenen groß. In Gefangenschaft ist diese interessante Zucht nur selten gelungen. Die Paradieswitwe ist friedlich und kann mit Prachtfinken zusammen eine Voliere bewohnen. Neben schrillen Rufen läßt das Männchen auch den zart flötenden Gesang des Buntastrilds täuschend ähnlich hören. 2 weitere Paradieswitwenarten parasitieren bei Buntastrild-Verwandten.

Rotkopfweber, Queleopsis erythrops. 13 cm lang, in weiten Teilen Afrikas, außer ganz im Süden, anzutreffen. Er wird nicht häufig eingeführt, ist ein hübscher, interessanter und friedlicher Vogel, der am besten paarweise in einer Voliere gehalten wird. Seine Zucht ist dann nicht schwer. Dafür müssen dünnes Gezweig oder Schilfbündel in der Voliere angebracht und lange, frische Gräser angeboten werden. Aus diesen wird das kugelige Nest mit seitlichem Einschlupf gebaut, das als Dach ein überhängendes Grasbüschel erhält. Die 3–4 Eier werden 13 Tage bebrütet, die Jungen verlassen mit 18–20 Tagen das Nest. Die Rufe sind leise und zart, der Gesang dagegen laut quietschend und zischend.

Schuppenköpfchen, Sporopipes frontalis. Länge 12 cm, lebt südlich der Sahara quer über den afrikanischen Kontinent. Im Osten erstreckt sich sein Vorkommen von Äthiopien südwärts bis nach Tansania. Außerhalb der Brutzeit ist es gesellig. In Begleitung zahlreicher Prachtfinken ist es auf Hirsefeldern, an Wasserstellen, auch in Ortschaften anzutreffen. Das Nest wird gern in Dornbüsche gebaut. Die Haltung ist in einer Voliere mit anderen Vögeln zusammen möglich, da das Schuppenköpfchen stets friedlich ist. Für die Aufzucht der Jungen ist das Paar gern für sich. Die 4 Jungen schlüpfen nach 14 Tagen und brauchen 3 Wochen im Nest, ehe sie schließlich ausfliegen. Das Männchen singt zwitschernd und trillernd.

Stummelwida, Coliuspasser axillaris. Hat im Prachtkleid 16 cm Länge, im Ruhekleid wie das Weibchen 12 cm. Seinen Namen verdankt er seinem im Vergleich zu anderen Widas kurzen Schwanz. Er bewohnt Sümpfe und schilf- wie hochgrasbewachsene Ufer von Seen und Flüssen im tropischen Afrika. Er ist ein Vogel für die Voliere, wo er nur mit größeren Arten zusammen gehalten werden kann, da er sich sonst recht unverträglich zeigt. Für die Zucht ist die Unterbringung eines Männchens mit mehreren Weibchen in einer eigenen Voliere ratsam. Ein einzelnes Weibchen würde ständig gejagt werden, während mehrere in Ruhe brüten und ihre 3–4 Jungen aufziehen können. Das Männchen singt schnurrend und zirpend.

Wachteln

Chinesische Zwergwachtel, Excalfactoria chinensis. 13–14 cm lang, ist der kleinste aller Hühnervögel. Sie lebt in weiten Teilen Südasiens, in Indonesien und Australien. Ihr bevorzugter Lebensraum sind dichtes Grasland, Weiden und Feldraine. Sie besetzt paarweise Reviere, die sie vehement gegen Artgenossen verteidigt. Gegenüber anderen Vögeln ist sie friedlich, was sie für die gemeinsame Haltung in geräumigen Käfigen oder Volieren interessant macht. Die Zucht gelingt leicht. Die 4–8 Küken schlüpfen nach einer Brutdauer von 16 Tagen. Vom ersten Tag an sind sie flink auf den Beinen, werden von beiden Eltern gehudert und geführt. Der Chinesische Zwergwachtel-Hahn läßt ein tiefes, dreisilbiges Krähen hören.

Kalifornische Schopfwachtel, Callipepla californica. 24–27 cm lang, lebt an den Hängen der pazifischen Küstengebirge, vor allem in Kalifornien, aber auch im Norden Mexikos. Außer Hartholzwälder bewohnt sie Obstplantagen, Weinberge, Parks und Gärten. Als Volierenvogel ist sie bei vielen Liebhabern zu finden, wird sehr zutraulich und verträgt sich mit allen Mitbewohnern, außer mit Hühnervögeln. Die Zucht gelingt leicht und kann sehr ergiebig sein, denn die Henne legt 12–16 Eier und brütet sie in einer gut bepflanzten Voliere zuverlässig aus. Nach 22–23 Tagen schlüpfen die Küken, um die sich die beiden Eltern sehr intensiv bemühen. Für die Nacht baumt diese Wachtel auf. Der Hahn ruft laut „kau“.

Madagaskar-Perlwachtel, Margaroperdix madagarensis. Länge 26 cm, hat ihre Heimat auf Madagaskar, wo sie, außer in dichten Wäldern, häufig anzutreffen ist. Paarweise oder in Flügen bis zu 8 Vögeln, kommt sie auch auf Kulturland, wo ihr Gräser und Kräuter genügend Deckung und Nahrung bieten. Neben Körnern und Grünem nimmt sie gern Insekten und anderes Kleingetier auf. Die Madagaskar-Perlwachtel kann gut in einer Zimmervoliere gehalten werden, wo sie bald sehr vertraut ist. Für die Zucht ist es besser, das Paar in einer größeren Gartenvoliere zu pflegen, wo hohe Gräser und Gebüsche für Schutz und Deckung sorgen. Darin werden regelmäßig 4–5 Junge großgezogen. Der Hahn ruft „kou kou kou".

Straußwachtel, Rollulus roulroul. Länge 27 cm, lebt in Malaysia, auf Sumatra und Borneo. Der Waldboden mit viel Unterwuchs und Bambusdickichte sind ihre Biotope. Sie lebt von Ameisen, Käfern und anderem kleinen Getier sowie von Früchten, aber kaum von Grünem und Samen. Meistens ist sie in Gruppen von ca. 12 Vögeln unterwegs, wobei sie nach Hühnerart scharrt. Für die Brut wird ein Nest mit einem Dach aus Reisern und Blättern gebaut. Die auf 3–4 Eiern brütende Henne verschließt nachts den Einschlupf. In einem nahen Busch sitzt der Hahn und hält Wache. An der Führung der Küken beteiligt er sich nicht, bleibt aber in der Nähe. Die anfangs schreckhafte und scheue Wachtel kann ganz zahm werden.

Täubchen

Diamanttäubchen, Stictopeleia cuneata. Wird 19 cm lang und stammt aus den Baum- und Buschsavannen Australiens. In dichtes Gebüsch baut es sein spärliches Nest. Auf dem Boden findet es seine Nahrung. Diese besteht vor allem aus Grassamen und Insekten. Es liebt die Wärme und nimmt Sonnenbäder im Sand, wenn dieser glühendheiß ist. Daß es auch Kälte vertragen kann, beweist es in winterlichen Gartenvolieren. Ihm sollte aber die Möglichkeit gegeben werden, eine frostfreie Innenvoliere aufzusuchen. Es ist sehr friedlich und zutraulich. Auch zieht es leicht seine beiden Jungen groß. Das Männchen ist an den intensiver rot gefärbten Augenringen zu erkennen. Das leise Gurren ist recht hübsch anzuhören.

Kaptäubchen, Oena capensis. Nur wegen seines langen Stufenschwanzes etwas länger als das Diamanttäubchen. Ganz Afrika südlich der Sahara ist seine Heimat, ferner Madagaskar. In Savannen ist es ebenso anzutreffen wie auf Plantagen und in Gärten und Straßen. Als friedlicher Pflegling kann es gut mit anderen kleinen Vögeln zusammen gehalten werden. Es wird auch sehr zutraulich und kommt seinem Pfleger bald auf die Hand oder den Kopf geflogen. Am besten wird es in einer Zimmervoliere gepflegt, da es Wärme sehr liebt. Die beiden Jungen, die nach 14tägiger Brut schlüpfen, fliegen im Alter von 14 Tagen bereits aus. Bei der Balz fächert der Täuber seinen hochgestellten Schwanz und ruft „hu ru ru“.

Senegaltäubchen, Streptopelia senegalensis. 26 cm lang. Ganz Afrika, Arabien und Asien bis Indien sind seine Heimat. Dort lebt es in Oasen, Ortschaften, Gärten und auf Kulturland ebenso wie in den Buschsavannen. Es wird auch Palmtaube genannt und ist auf Malta, in der Türkei und im Westen Australiens eingebürgert worden. Haltung und Zucht sind einfach. Die Brutdauer für die beiden Eier beträgt 14 Tage. Die Jungen verlassen das Nest oft schon mit 10 Tagen. Manchmal greift der Täuber Artgenossen und andere Tauben an, weshalb das Paar für die Zucht eine Zimmervoliere für sich haben sollte. Sein Gurren ist recht hübsch anzuhören und nicht zu laut. Es wird während der Balz oft ausgestoßen.

Zebratäubchen, Geopelia striata. 20 cm lang und von Indien durch Südostasien bis nach Australien beheimatet. Es liebt offenes Gelände und kommt gern auf Farmland, Plantagen, in Gärten und sogar auf die Straßen der Ortschaften. Es ist auch unter dem Namen Sperber- und Malakkatäubchen bekannt. Es eignet sich gut für die Zimmer- und die Gartenvoliere. Hier sollte es allerdings nur im Sommerhalbjahr gehalten werden. Die Zucht gelingt recht leicht. Aus den jeweils 2 Eiern schlüpfen die Jungen nach 13 Tagen. Weitere 12 Tage später verlassen die jungen Zebratäubchen voll befiedert das Nest. Der Ruf des Täubers hört sich wie ein weicher Triller an und geht schließlich in eine Reihe kurzer „ku ku kus" über.

Tangaren

Dickschnabelorganist, Euphonia laniirostris. 10 cm lang, kommt von Costa Rica bis zum Amazonas und seinem Einzugsgebiet östlich der Anden vor. An Flüssen, in Gebüschen und auf Plantagen ist er häufig zu finden. Meistens ist er paarweise auf der Suche nach Früchten unterwegs. Das Kugelnest mit seitlichem Einschlupf legt er in Baumhöhlen, Zaunpfählen und Mauerlöchern an. Darum nimmt der Dickschnabelorganist in Volieren auch Nistkästen an, in die er sein Nest baut. Die 3–5 Eier werden vom Weibchen 15 Tage lang bebrütet. Die Jungen sind mit 18 Tagen flügge. Neben Früchten sind Insekten und Weichfutter für die Aufzucht notwendig. Der Gesang des Männchens ist ein sehr vielseitiges Zwitschern und Flöten.

Goldbrusttangare, Tangara schrankii. Erreicht eine Länge von 12 cm und ist östlich der Anden von Kolumbien bis Bolivien im Einzugsgebiet des Amazonas zu Hause. Sie, die auch Schranks Tangare genannt wird, bevorzugt das sumpfige Tiefland, läßt sich aber auch in den Kaffeeplantagen der angrenzenden Hänge sehen. Früchte, Samen und Insekten bilden ihre Nahrung. Nach sorgfältiger Eingewöhnung, bei der ein Teil des Käfigs durch einen Infrarotstrahler erwärmt werden sollte, fühlt sie sich bei Zimmertemperatur durchaus wohl. Am besten ist sie in einer mit Pflanzen ausgestatteten Voliere untergebracht. Sie wird ganz zutraulich und ist sehr lebhaft. Ihr Gesang ist ein hübsches, zartes Zwitschern.

Grüntangare, Tangara gyrola. Wird 12 cm lang.Stammt von Costa Rica durch den nördlichen Teil Südamerikas bis Bolivien und dem Mato Grosso. Sie lebt sowohl im Wald als auch in buschreichem Grasland, auf Plantagen und in Gärten. In Familienverbänden sucht sie nach reifen Früchten, Insekten und Spinnen, die zur Aufzucht der Jungen benötigt werden. Anfangs ist die Grüntangare etwas empfindlich und braucht Wärme. Danach erweist sie sich als robuster, lebhafter und den Mitbewohnern der Voliere gegenüber stets friedlicher Vogel. Das Männchen läßt sich vom Weibchen nur durch seinen Gesang unterscheiden, der sich wie „sie sie sie tzu tsuie" anhört. Der Lockruf ist ein hoher, kratzender Ton.

Pitpit, Dacnis cayana. 11 cm lang, bewohnt Mittel- und Südamerika bis zum Norden Argentiniens. Er ist in fast allen Lebensräumen zu Hause, außer im Hochgebirge. Selbst in Gärten kommt er, wo er sich am Nektar der Blüten labt. Sonst sind Früchte, Beeren, Samen und Insekten seine Nahrung. Eingewöhnung und Haltung sind nicht schwer. Sogar die Zucht gelingt öfter. Am liebsten baut das Weibchen das tiefe Napfnest in einen dichten Busch. Auch das Brüten auf den 2–3 Eiern ist seine Sache. Wenn nach 14 Tagen die Jungen schlüpfen, beteiligt sich das Männchen an deren Aufzucht. Es läßt einen leisen, wispernden Gesang hören. Der Lockruf ist ein hohes „sit", der Warnlaut ein tiefes und rauhes „tchit".

Purpurkehlorganist, Euphonia chlorotica. Mit 9 cm Länge eine der kleinsten Tangaren. Von Venezuela bis zum Norden Argentiniens östlich der Anden zu Hause. Meidet den dichten Wald und kommt an dessen Rändern, in Buschland, Sümpfen, Plantagen und Gärten vor. Feigen, Kaktusfrüchte und Mistelbeeren gehören ebenso wie Insekten zu seiner Lieblingsnahrung. Er wurde zahlreich importiert und auch schon gezüchtet. Beide Partner bauen aus Kokosfasern ihr Kugelnest in einen halboffenen Nistkasten. Nach 14tägiger Brut durch das olivgrüne Weibchen schlüpfen die zumeist 4 Jungen, die 16 Tage später ausfliegen. Das Männchen singt in einer Reihe hoher Töne, die in schneller Folge vorgetragen werden.

Purpurtangare, Ramphocelus bresilius. 18 cm lang, ist in einem küstennahen Streifen des südöstlichen Brasiliens anzutreffen. Sie lebt dort entlang der Flüsse und in Sümpfen, kommt aber auch in die Gärten und Parks der Städte. Meistens hält sich die Purpurtangare in dichtem Gebüsch auf. Dort oder zwischen Schilfbüschel baut das rotbräunliche Weibchen sein Napfnest aus Gräsern und weichen Fasern. Die 2–3 blaugrünen Eier tragen wenige dunkle Flecke. Die Zucht ist schon häufig gelungen. Damit das Pärchen keine Störungen erfährt, sollte es zur Brutzeit für sich alleine untergebracht werden. Der Gesang des Männchens ist ein melodisches „djüle-djüle-djüle", der Kontaktlaut ein langgezogenes „wiieee".

Tropfentangare, Tangara guttata. 12 cm lang, kommt von Costa Rica bis zum Osten Kolumbiens und dem Norden Brasiliens vor, auch auf Trinidad. Sie bewohnt sowohl die feuchten Tropenwälder als auch Buschland, Plantagen und Gärten. Das feste Napfnest bauen die Partner in Astgabeln dichter Büsche. Das Gelege besteht aus 2 Eiern, die nur das Weibchen bebrütet. Wenn nach 2 Wochen die Jungen schlüpfen, hilft das Männchen bei der Aufzucht. Wird gelegentlich eingeführt, ist leicht zu pflegen und wird bald zutraulich. Das Männchen, das an den gelben Federn in der Augenumgebung deutlich zu erkennen ist, läßt als Gesang eine immer schnellere Folge von Rufen ertönen, die sich wie „tick" anhören.

Türkisnaschvogel, Cyanerpes cyaneus. Auch Blauer Honigsauger genannt, wird 12 cm lang. Er kommt vom Süden Mexikos bis zum mittleren und östlichen Brasilien vor. Am häufigsten ist er auf blühenden Bäumen an Waldrändern und in Parks anzutreffen. Außer Nektar und Blüten nimmt er auch Früchte, Beeren und Insekten zu sich. Der Türkisnaschvogel wird öfter gehalten und ist bald zutraulich. Seine Zucht ist schon viele Male gelungen. Das Weibchen baut ein flaches, dünnwandiges Nest. Es bebrütet allein die beiden Eier, bis nach 13 Tagen die Jungen schlüpfen. Mit 14 Tagen verlassen sie das Nest. Das Männchen hat in seinem Gesang einen hübschen Doppellaut, der mehrmals flötend wiederholt wird.

Kolibris und Nektarvögel

Preußnektarvogel, Panaeola reichenowi. Nur 10 cm lang, bewohnt bewaldete Bergregionen von Kamerun bis zum südlichen Sudan, Uganda, zum westlichen Kenia und östlichen Zaire. Vor allem rot leuchtende Blüten werden von ihm besucht, die ihm Nektar und kleine Insekten anbieten. Er ist nicht empfindlich, braucht für die Eingewöhnung aber etwas erhöhte Zimmertemperatur. Die Voliere sollte groß und mit Pflanzen versehen sein. Das Männchen und das unscheinbar gefärbte Weibchen vertragen sich nur während der Brutzeit. Getrennte Unterbringung ist für die übrige Zeit angebracht, da es sonst zu Verletzungen kommen kann. Ein hübsch flötender und zwitschernder Gesang wird häufig vorgetragen.

Schleppensylphe, Sappho sparganura. Auch Sapphokolibri genannt, erreicht wegen des langen Schwanzes eine Länge von 17 cm, jedoch nur ein Gewicht von 7 g. Sie lebt in den Anden im Nordwesten Argentiniens und Boliviens, und zwar in Gras- und Strauchgelände in rund 3000 m Höhe. Darum ist die Schleppensylphe bei der Eingewöhnung auch nicht empfindlich. Leider ist sie sehr aggressiv, so daß sie weder mit anderen Kolibris noch mit weiteren Vertretern der eigenen Art zusammen untergebracht werden kann. Nur wenn in Brutstimmung, kann das Weibchen akzeptiert werden. Dieses ist 12 cm lang und hat nur am Bürzel rote Federn, nicht auf dem Rücken. Es ist in Volieren wiederholt schon zur Brut gekommen.

Stahlnektarvogel, Hedydipna collaris.
Wird auch Waldnektarvogel genannt und erreicht eine Länge von 10 cm. Er ist überall dort von Zentral- bis Südafrika anzutreffen, wo ihm Nektar von blühenden Pflanzen, Büschen und Bäumen sowie Insekten geboten werden. Er ist nicht im Regenwald zu finden, sondern in Galeriewäldern und buschreichen Gebieten. In letzter Zeit wurde er häufiger eingeführt. Lebt sich in einer größeren, mit lebenden Pflanzen ausgestatteten Zimmervoliere leicht ein und wird schnell zutraulich. Zuchtversuche wurden schon öfter unternommen, wobei das Weibchen ein hübsches Beutelnest mit seitlichem Einschlupf baute. Der Gesang des Männchens ist melodisch und abwechslungsreich.

Veilchenohrkolibri, Colibri coruscans.
Länge 14 cm, Gewicht 8 g, bewohnt bewaldete Bergregionen der Anden von Venezuela bis Peru, Bolivien und im Nordwesten Argentiniens. Er ist der am häufigsten importierte und gezüchtete Kolibri. Wichtig ist seine Einzelhaltung, denn Artgenossen und auch andere Kolibris werden nicht in der Nähe geduldet und arg gejagt. Wenn das Weibchen in Brutstimmung ist, baut es ein Nest. Erst wenn dieses fast vollständig ist, darf das Männchen zu ihm gelassen werden. In einer großen Voliere sind die Aussichten auf befruchtete Eier und eine erfolgreiche Aufzucht am besten. Das Männchen wird nach den wenigen Tagen der Balz und Kopulation aus der Voliere genommen.

Timalien und andere kleine Weichfresser

Blauflügelpitta, Pitta moluccensis. Länge 18 cm, hat seine Heimat von Hinterindien und dem südwestlichen China bis Sumatra, Java und den Philippinen. Als Strichvogel fliegt er bis in den Westen Australiens. In Wäldern, Gebüsch und Mangroven sucht er nach Kerfen, Schnekken und anderem Kleingetier. Das Nest, eine Kugel mit seitlichem Einschlupf, wird auf dem Boden oder in Bodennähe errichtet, oft in einem Dornbusch. Beide Eltern brüten und ziehen die Jungen auf. Haltung in einer naturnah eingerichteten Voliere. Verstecke, Moos, Steine und dicke Äste sollten in jedem Fall vorhanden sein. Der Gesang des Blauflügelpittas besteht aus Pfeiflauten, die in bauchrednerischer Art von nirgendwoher zu kommen scheinen.

Blauflügel-Sonnenvogel, Siva cyanouroptera. 15 cm lang, kommt von den südlichen Himalajaausläufern über Hinterindien bis nach Südchina vor. Er bewohnt ähnliche Biotope wie die anderen beiden Sonnenvögel. Der auch als Blauflügelsiva bekannte Vogel wird etwas seltener nach Europa gebracht. Er ist leicht einzugewöhnen, schnell sehr zutraulich und friedlich, selbst gegenüber kleineren Mitbewohnern der Voliere. Seine Zucht gelingt recht leicht, wenn eine Nistgelegenheit in dichtem Gebüsch geboten wird. Da hinein wird von beiden Partnern ein hübsches Napfnest gebaut. Das Männchen trägt einen schönen, nicht lauten Gesang vor. Es sind keine lauten Rufe wie bei den eigentlichen Sonnenvögeln.

Braunkopf-Papageischnabel, Suthora webbiana. 12 cm lang, besiedelt in einer Anzahl von Unterarten das östliche Asien von der Mandschurei und Korea bis zum Süden Chinas und Nordosten Burmas. In kleinen Schwärmen ziehen die Vögel durch Gebüsche, Gras- und Schilfbestände, auf der Suche nach Sämereien, Früchten und Insekten. Die Paare hängen ihr Nest zwischen Halmen auf. Sie sind schon gezüchtet worden, und zwar in einer dicht bepflanzten Voliere. Die Vögel sind sehr zutraulich. Fast immer lassen sie ihr hübsches Gezwitscher hören, das dem unserer Rauchschwalbe ähnelt, haben aber auch laute, melodische Rufe und harte Warnlaute. Gern benagen sie die Rinde frischer Obstbaumzweige.

Gangesbrillenvogel, Zosterops palpebrosus. 10 cm lang, lebt von Indien und Sri Lanka bis zum Südwesten Chinas sowie bis Borneo, den Kleinen Sundainseln und Sumatra. In dichtem Gebüsch der Waldränder, auf Plantagen, in Gärten und Parks wird er häufig angetroffen, und zwar paarweise oder in kleinen Gesellschaften. Neben Insekten, Beeren und süßen Früchten wird auch Nektar mit der pinselförmigen Zunge aufgenommen. Nach einer warmen Eingewöhnung zeigt er sich robust und widerstandsfähig. Ideal ist für ihn eine mit Pflanzen eingerichtete Innenvoliere. Darin gelingt die Zucht leicht. In dieser Zeit werden Artgenossen nicht in der Voliere geduldet. Der Gangesbrillenvogel zwitschert und wispert hübsch.

Gelbnackentimalie, Yuhina flavicollis. Erreicht 10 cm Länge. Sie lebt vom südwestlichen Himalajagebiet durch Burma, Thailand und den Norden Indochinas bis zum südwestlichen China bevorzugt Gebirgswälder und Gebüsch an Berghängen. Gewandt bewegt sie sich durchs Gezweig und hängt, wie eine Meise, oft kopfunter daran. Mit den Meisen ist sie auch nahe verwandt. Ihre Haltung ist einfach, denn sie ist von Natur aus ein robuster Vogel. Lebt sich schnell ein und wird äußerst zutraulich. Über ihre Zucht ist noch nicht viel bekannt, doch braucht sie dafür eine Voliere mit Verstecken für das Nest. Die Stimme der Gelbnackentimalie ist sehr melodisch und reicht von zartestem Wispern bis zu lauten Flötentönen.

Goldaugentimalie, Chrysomma sinense. Länge 17 cm, kommt von Pakistan, Indien und Sri Lanka bis zum Süden Chinas vor. Sie lebt in Bambusdickichten, an Fluß- und Waldrändern und sogar in buschreichem Grasland. Ganz bezaubernd sind ihre Bewegungen, ihr Geschwatze und Flöten, ferner ihr Balzen mit Kopfhochrecken, Verneigen und Fächern des Schwanzes. Sie wird ihrem Pfleger gegenüber ganz zahm. Die Zucht gelingt nur in einer gut bepflanzten Voliere. Das Nest wird versteckt in dichtes Gebüsch gebaut. Die zumeist 4 Eier werden 13 Tage lang bebrütet. Die Jungen fliegen bereits mit 12 Tagen aus. Wenn auch sonst gegenüber anderen Vögeln friedlich, so trifft das nicht für die Brutperiode zu.

Haubenzwergfischer, Corythornis cristatus. Länge 13 cm, ist von Senegal bis Äthiopien und südwärts bis Südafrika überall an Gewässern zu finden. Nach Eisvogelart jagt er sturztauchend nach kleinen Fischen, erbeutet aber auch Libellenlarven und andere Wasserinsekten. Das Nest wird in Höhlen angelegt, die von ihm selbst in Uferböschungen gegraben werden. Zur Ernährung sollten diesem Spezialisten in einem größeren Aquarium, das in die Voliere integriert ist, kleine Fische wie Guppys oder Elritzen geboten werden. Dann kann das Stoßtauchen beobachtet werden. Er nimmt allerdings auch Insekten aller Art aus dem Futternapf. Das Männchen läßt bei der Balz ein Trillern hören, ruft sonst schrill „triiet-triiet".

Meerblauer Fliegenschnäpper, Eumyias thalassina. Auch Lazulischnäpper genannt, 15 cm lang, kommt von Kaschmir im Himalajagebiet bis Westchina, Hinterindien, südwärts durch Malaysia bis zu den Inseln Sumatra und Borneo vor. Er lebt in den lichten Bergwäldern, in denen er Insekten im Fluge fängt. Als Halbhöhlenbrüter sucht er Nischen zwischen Felsen, in Mauern oder Höhlen in Bäumen, unter Stubben oder gar in der Erde. Er ist ein widerstandsfähiger, langlebiger Vogel, der besonders gut in einer mit Pflanzen ausgestatteten Zimmervoliere gehalten werden kann. Seine Zucht ist schon öfter gelungen. Der Gesang des Meerblauen Fliegenschnäppers besteht aus einer zarten, auf- und absteigenden Strophe.

Orangebauch-Mistelfresser, Dicaeum trigonostigma. 9 cm lang, ist vom Nordosten Indiens und Burma über Malaysia bis zu den Philippinen verbreitet. In kleinen Trupps ist er auf blühenden Büschen anzutreffen oder hoch in den Baumkronen, wo er Mistelbeeren zu sich nimmt, ferner süße Früchte, Nektar und kleine Insekten. Entsprechend sollte die Ernährung mit einem Nektarvogelfutter, mit süßem Obst und mit kleinen Insekten vielseitig sein. Nach der Eingewöhnung bei erhöhter Zimmertemperatur zeigt er sich robust und ausdauernd. Zucht ist schon gelungen, wobei das Nest aus Moosen gebaut und mit Watte im Gebüsch befestigt wurde. Ein schöner Gesang und metallisches Zirpen sind von ihm zu hören.

Rubinkehlchen, Calliope calliope. Länge 14 cm, kommt in Sibirien, dem Norden Japans und von der Mongolei bis zum Westen Chinas vor. Es lebt in Bodennähe im Gebüsch, oft am Wasser. Eine Gartenvoliere mit immergrünen Büschen ist für ein Pärchen dieser streitlustigen Vögel richtig. Dem Weibchen fehlt der rote Kehlfleck. Die Zucht ist schon öfter gelungen, wobei für den Neststandort dichtes Gebüsch vorhanden sein muß. Manchmal wird auch ein Kanarien-Nistkörbchen als Nestunterlage angenommen. Nach einer Brutdauer von 14 Tagen schlüpfen aus den 4 Eiern die Jungen. Für deren Aufzucht braucht das Paar viele kleine Insekten, auch frische Ameisenpuppen. Der Gesang des Männchens ist sehr wohltönend.

Senegalbrillenvogel, Zosterops senegalensis. Länge 10 cm, ist von Senegal bis Äthiopien südwärts bis zum Zululand und Namibia verbreitet. Er kommt in baumreicher Savanne, an Waldrändern, auf Plantagen und in Gärten vor, wo er gesellig nach Nahrung sucht, die aus süßen Früchten, Beeren, Nektar und kleinen Insekten besteht. Das Napfnest ist tief und wird in eine Zweiggabel gehängt. Es ist mit Tierhaaren ausgekleidet. Dieser Vogel, der sich rasch vertraut zeigt, wird nur selten angeboten. Wenn ein Paar in Brutstimmung kommt, jagt es die Mitbewohner der Voliere, selbst größere. Es werden 2–3 bläuliche Eier gelegt. Der Gesang des Männchens ist leises Zwitschern, die Rufe sind wisperndes Pfeifen.

Silberohr-Sonnenvogel, Leiothrix argentauris. 17 cm lang, lebt in Nordindien, Burma und Indochina. Er liebt Gebüsche und Unterholz, auch entlang der Fluß- und Seeufer. Dieser hübsche Vogel ist sehr begehrt, da er ruhiger und verträglicher als der eigentliche Sonnenvogel ist. Er kann in Gesellschaft anderer Vögel eine Voliere bewohnen. Wenn jene brüten, kann er sich aber an deren Eiern und Jungen vergreifen. Er selbst zieht seine Jungen leicht auf, wenn für ihn hoch in einem dichten Gebüsch eine Nestunterlage angebracht wird. Der Gesang des Männchens ist eine wenig abwechslungsvolle Rufreihe, die aus 6 Tönen besteht. Das Weibchen des Silberohr-Sonnenvogels verfügt über eine ganz anders klingende Rufreihe.

Sonnenvogel, Leiothrix lutea. Auch China-Nachtigall genannt, 16 cm lang, kommt nicht nur im Süden Chinas vor, sondern auch im Norden Indiens und Hinterindiens. Er bewohnt Wälder und Uferdickichte, wo er sich in Bodennähe aufhält, immer auf der Suche nach Kerfen, Beeren, Früchten und Samen. Oft wird er ganz zahm und nimmt Leckerbissen aus der Hand. Die Zucht gelingt leicht, vor allem in einer gut bepflanzten Voliere. Aus verschiedensten Materialien wird ein Napfnest gebaut. Die 3–4 Eier werden von beiden Eltern 12 Tage bebrütet. Nach weiteren 12 Tagen fliegen die Jungen schon aus. Der Lockruf des Männchens ist gleichzeitig sein Gesang, der aus einer Reihe wohlklingender Flötentöne besteht.

Weißbrustralle, Laterallus leucopyrrhus. Länge 17 cm, ist im Süden Brasiliens, in Uruguay, Paraguay sowie im Norden Argentiniens beheimatet. Sie lebt in dichter Ufervegetation und versteht es, sowohl auf sumpfigem Boden und großen Schwimmpflanzenblättern als auch auf Ästen und Zweigen sicher zu laufen. Ihr Flug ist dagegen recht schwerfällig. In großen, dicht bepflanzten Gartenvolieren mit angeschlossenem Innenraum oder in einer geräumigen Zimmervoliere mit Pflanzen und flachem Wasserbecken fühlt sich die Weißbrustralle wohl. Sie wird nach kurzer Zeit völlig zahm und nimmt Leckerbissen aus der Hand. Da ganz friedlich, kann sie gut mit anderen Vögeln zusammen in der Voliere leben.

Weißflanken-Buntschnäpper, Batis molitor. 11 cm lang, ist von Kenia bis Angola und bis zur Kapprovinz in Südafrika verbreitet. Die Savanne mit nicht zu lichtem Baumbestand, Waldränder und offene Waldgebiete sind sein Lebensraum. Er fängt Insekten im Fluge, sammelt sie aber auch von den Blüten und Zweigen ab. Sein festes Napfnest baut er meistens versteckt in Astgabeln und tarnt es mit Flechten, die er mit Hilfe von Spinnweben befestigt. Die 2–3 türkisfarbenen Eier haben rötliche und graue Flecken. Nach einer Eingewöhnung bei 24 °C ist die Haltung bei Zimmertemperatur möglich, im Sommer zeitweise sogar in der Gartenvoliere. Dort genießt er den großen Flugraum. Der Gesang ist zwei- bis dreisilbiges, abfallendes Flöten.

Yuhina, Yuhina nigrimentum. 10 cm lang, auch Meisen- oder Zwergtimalie genannt. Sie kommt von den Südausläufern des Himalaja bis nach Südchina vor und bewohnt die Wälder, vor allem Dickichte an deren Rändern und an Flußufern. Meistens ist sie in kleinen Flügen anzutreffen. Nach einer Eingewöhnung bei Zimmertemperatur kann die Yuhina auch in einer Gartenvoliere gepflegt werden, allerdings nicht im Winter. Für die Zucht sollte ein Pärchen eine Voliere für sich allein haben, denn es verteidigt die Nestumgebung vehement. Aus weichen Gräsern und Fasern wird das kugelige Nest in dichtes Gebüsch gebaut. Das Gelege besteht zumeist aus 4 Eiern. Das Männchen ist an seinem schönen Gesang zu erkennen.

Blattvögel, Stare, größere Weichfresser

Blauflügel-Blattvogel, Chloropsis cochinchinensis. Länge 18 cm, ist von Indien und Sri Lanka bis zum Südwesten Chinas und zu den Inseln Sumatra, Borneo und Java verbreitet. In Wäldern und an Waldrändern sucht er nach süßen Früchten, Beeren und nach Insekten, wenn letztere auch nur dann eine wichtige Rolle spielen, wenn Junge großzuziehen sind. Das napfförmige Nest wird in der Regel hoch in dichtes Gezweig von Büschen oder Bäumen gebaut. Die Zucht ist in einer großen bepflanzten Voliere schon öfter gelungen. Doch erst gut eingewöhnte Vögel sollten in eine Freivoliere gelassen werden. Das Paar ist alleine darin zu pflegen, es nimmt Störungen übel und ist dann aggressiv. Singt hübsch flötend.

Dajaldrossel, Copsychus saularis. 18 cm lang, ist von Indien und Sri Lanka bis zum südlichen China sowie bis Sumatra, Java, Borneo und den Philippinen beheimatet. Sie lebt im Unterwuchs dichter Wälder, auch in Parks und Gärten. Ihre Nahrung, Insekten und Würmer, wird mit Früchten und Beeren ergänzt. Als friedlicher Pflegling kann sie mit anderen Vögeln zusammen eine Zimmervoliere bewohnen, im Sommer auch eine Gartenvoliere. Darin gelingt die Zucht am besten. Das Paar kann in Brutstimmung ziemlich aggressiv werden. Da Männchen viel zahlreicher importiert und gezüchtet werden, ist ihre Einzelhaltung des schönen Gesangs wegen sehr beliebt. Der Gesang ist nicht zu laut und sehr abwechslungsreich.

Elfenblauvogel, Irena puella. 29 cm lang, hat seine Heimat in Indien, Indochina und Indonesien. Hoch in den Blätterdächern der Bäume lebt er von Früchten, vor allem von Feigen, nimmt aber auch Insekten zu sich. Sein Nest, ein flacher, ziemlich lockerer Napf, baut er in dichtes Gebüsch oder niedrig in einen Baum. Seine Haltung in einem geräumigen Käfig oder in einer Zimmervoliere bereitet keine Schwierigkeiten. Da er friedlich ist, kann man ihn selbst mit etwas kleineren Arten zusammen pflegen. Er kann sehr zutraulich werden. Am besten ist für die Zucht die getrennte Unterbringung mit seinem unscheinbar grünlichblau gefärbten Weibchen zusammen. Der Elfenblauvogel flötet typisch drosselartig.

Goldstirn-Blattvogel, Chloropsis aurifrons. Länge 20 cm, lebt in den Wäldern von Pakistan bis Hinterindien, ferner auf Sri Lanka, Sumatra und in Indonesien. Wegen seiner grünen Färbung ist er in den Wipfeln der Bäume kaum zu entdecken, um so mehr aber zu hören. Unermüdlich sind seine Rufe, der schöne Gesang und das meisterliche Nachahmen anderer Vögel. Auch das matter gefärbte Weibchen singt. Für einen einzeln gehaltenen Vogel sollte ein Käfig von mindestens 1 m Länge und fast gleicher Höhe zur Verfügung stehen. Besser ist er in einer mit Pflanzen ausgestatteten Zimmervoliere untergebracht. Bei entsprechender Größe kann er darin mit Artgenossen und anderen Vögeln seiner Größe gepflegt werden.

Graustar, Sturnopastor cineraceus. Auch Weißwangenstar genannt, erreicht eine Länge von 24 cm und hat seine Heimat im Norden Chinas, in Korea, Japan und von Sachalin bis zum Osten der Mongolei. Er lebt, wie die meisten Stare, in halboffenem Gelände und brütet in Baumhöhlen. Nach der Brutzeit ist er in oft großen Schwärmen auf der Suche nach Nahrung. Es werden Insekten und Würmer vom Boden aufgenommen oder Früchte und Beeren auf den Bäumen gepflückt. Erst in letzter Zeit ist der Graustar öfter angeboten worden. Er ist unempfindlich, neugierig und bald sehr zahm. Für die Zucht sollte er in einer Gartenvoliere gehalten werden. Singt schwatzend und pfeifend, ruft kreischend.

Haubenbartvogel, Trachyphonus vaillanti. 22 cm lang und von Tansania bis zum Süden und Osten Südafrikas verbreitet. Er lebt in Savannen, lichten Waldgebieten, Gärten und Parks. Seine Brut- und Schlafhöhle hämmert er sich in morsche Baumstämme. Er hat einen starken Schnabel, 2 Zehen nach vorn, 2 nach hinten, womit er seine Verwandtschaft zu den Spechten anzeigt. Er wird in kleiner Zahl regelmäßig eingeführt, kann sehr zutraulich werden und hat bei Liebhabern auch schon gebrütet. Seine Ernährung fällt mit süßem Obst, Beeren und Insekten aller Art nicht aus dem üblichen Rahmen, zumal er auch Weichfutter annimmt. Das Männchen schnurrt, das Weibchen gickert, beide trillern auf- und absteigend.

Himalajasäbler, Pomatorhinus schisticeps. Länge 25 cm, ist im Himalajagebiet sowie in Burma, Thailand und Indochina beheimatet und lebt bis in 2500 m im Wald, an Waldrändern und in Bambusdickichten. Er ist im Unterholz ständig auf der Suche nach Insekten und anderem Kleingetier, das er mit dem Schnabel geschickt aus Spalten, unter Rinden und unter altem Laub hervorholt. Als robuster, friedlicher und bald zutraulicher Pflegling fühlt er sich in einer großen Voliere am wohlsten, kommt diese doch seinem Bewegungsdrang entgegen. Bei paarweiser Haltung sind Brut und Aufzucht der Jungen möglich, wenn auch schwer. Das kräftiger gefärbte Männchen läßt rätschende und scheckernde Laute vernehmen.

Königsglanzstar, Cosmopsarus regius. Erreicht wegen seines stattlichen Schwanzes eine Länge von 30–35 cm. Er kommt von Äthiopien und Somalia bis zum Nordosten Tansanias vor. Dort lebt er in der Dornbuschsavanne. Baumhöhlen werden für sein Nest bevorzugt, in das er 2–4 blaugrüne, dunkel gefleckte Eier legt. Eingewöhnung und Haltung sind einfach, die Zucht schon öfter gelungen. Allerdings sollte eine große Voliere zur Verfügung stehen. Da die Partner gleich aussehen, ist es oft schwer, ein Paar zusammenzustellen. Die Jungen werden mit Insekten aufgezogen. Sonst werden gern Früchte und Beeren angenommen, auch Rosinen, die bei den meisten Staren als Leckerbissen gelten. Die Rufe sind laut schwatzend und pfeifend.

Mittelbeo, Gracula religiosa intermedia. 27 cm lang, ist im nördlichen Indien, Hinterindien, Südchina und Hainan beheimatet. Er lebt gesellig, vor allem an Waldrändern und Flußufern. Für die Brut wird eine passende Baumhöhle gesucht. Der Mittelbeo wird am häufigsten eingeführt, und zwar oft als noch unselbständiger Jungvogel. Dieser ist völlig zahm, schließt sich dem Menschen an und lernt auch leicht sprechen. Er möchte aber auch fast ständig jemand um sich haben. Zahme, erwachsene Wildfänge dagegen eignen sich nicht für die Einzelhaltung in der Wohnung und zum Sprechenlernen. Dafür können sie in der Zucht ausgesprochen erfolgreich sein, die in einer Gartenvoliere am besten gelingt.

Pagodenstar, Temenuchus pagodarum. 20 cm lang. Lebt im Osten Afghanistans durch Indien bis Sri Lanka in parkartiger Landschaft, in Gärten und Feldgehölzen in kleineren oder größeren Flügen. Für das Nest suchen die Paare passende Baumhöhlen. Die Haltung ist nach der Eingewöhnung in einer Gartenvoliere möglich, wo sich der Pagodenstar recht friedlich gegenüber gleichgroßen Vögeln zeigt. Seine Zucht ist mit einem großen Nistkasten und viel Nistmaterial nicht schwer. Ist erst ein Gelege im Kasten, kann dem Paar sogar die Voliere geöffnet werden. Es versorgt dann seine Jungen mit Insekten aus der Umgebung. Der Gesang ist melodisches Pfeifen, in das die Laute anderer Vögel eingeflochten werden.

Rostkinnhäherling, Ianthocincla rufogularis. 25 cm lang, bewohnt das Himalajagebiet vom Norden Pakistans bis Assam, den Norden Birmas, Laos und Vietnams. Dickichte und Ränder der Wälder sind in Höhen ab 1000 m sein Lebensraum. Er sucht vor allem nach Kleingetier, aber auch süße Früchte und Beeren. Dieser Häherling wird selten eingeführt, erweist sich als robuster, friedlicher und bald sehr zutraulicher Pflegling. Die Haltung in der Gartenvoliere ist möglich und für eine Zucht unbedingt erforderlich, da er dichtes Gebüsch für sein Nest braucht. Da beide Geschlechter gleich gefärbt sind, gibt sich das Männchen nur durch sein Flöten zu erkennen. Sonst sind zarte Zwitschertöne zu vernehmen.

Rotbauch-Glanzstar, Lamprospreo pulcher. 22 cm lang, lebt im Westen Afrikas in den Savannen. In einem Dornbusch wird das große Kugelnest angelegt und darin die 3–5 grünlichblauen, leicht dunkel gefleckten Eier ausgebrütet. Beide Eltern ziehen die Jungen auf, überwiegend mit Insekten. Das gilt auch bei der Zucht, die schon mehrfach gelungen ist. Da Männchen und Weibchen gleich aussehen, ist es schwer, an ein wirkliches Paar zu kommen. Für das Nest wird ein Drahtkorb als Unterlage im Gebüsch befestigt. Nistmaterial sind Gräser, Fasern und Reisigstückchen. Ein klangvoller Ruf, der sich wie „terrr" anhört, ist für den Rotbauch-Glanzstar besonders charakteristisch. Sein Gesang ist ein leises Glucksen.

Rotohrbülbül, Pycnonotus jocosus. Länge 20 cm, ist von Vorderindien über Indochina bis zum Süden Chinas und Norden Malaysias beheimatet, vor allem an Waldrändern, entlang von Ufern, aber auch in Parks und Gärten. Er ist sehr beliebt und wird ein äußerst zutraulicher Pflegling. Wird der Rotohrbülbül paarweise in einer größeren Zimmervoliere gepflegt, kann es sogar zur erfolgreichen Aufzucht der Jungen kommen. Das Weibchen baut das Napfnest am liebsten auf eine in dichtem Gebüsch angebrachte Unterlage. Nach einer Brutdauer von 12 Tagen schlüpfen die 2–3 Jungen, die bereits nach 14 Tagen flügge sind. Der Gesang besteht aus Flötentönen, die nicht sehr laut sind, und aus eingestreuten Quietschlauten.

Schamadrossel, Copsychus malabaricus. Erreicht eine Länge von 23–26 cm und ist von Vorderindien bis zum südwestlichen China und bis Sumatra, Borneo und Java anzutreffen. Es werden fast 20 Unterarten gezählt, die aber nur wenig voneinander abweichen. Alle leben im Unterholz der Wälder, an deren Ränder und an Flußufern. Nachdem die Schamadrossel 1880 erstmals eingeführt wurde, gehört sie zu den beliebtesten Pfleglingen. Haltung und Ernährung sind nicht einfach, denn als Insekten- und Fruchtfresser verlangt sie eine abwechslungsreiche Kost. Ihr Gesang ist schön und vielseitig. Immer wieder versteht sie es, ihn zu variieren und neue Passagen hinzuzufügen. Ihr Nachahmungstalent ist groß.

Schwarzbauch-Glanzstar, Lamprotornis corruscus. 19 cm lang, lebt in den Küstengebieten Ostafrikas von Kenia bis zur Kapprovinz Südafrikas sowie auf den Inseln Pemba und Sansibar. Sein auffallendstes Kennzeichen sind die roten Irisringe der Augen. Oft ist er in großen Schwärmen anzutreffen. Mit lautem Trillern und Schwatzen sind die Vögel zwischen Viehherden und in Plantagen und Gärten unterwegs. Hin und wieder wird dieser schmucke Glanzstar im Handel angeboten. Der Schwarzbauch-Glanzstar wird schnell zutraulich und kann als Einzelvogel im großen Käfig mit seinem drolligen Wesen viel Freude bereiten. Für die Zucht sollte ein Pärchen alleine in einer geräumigen Voliere untergebracht werden.

Smaragdglanzstar, Coccycolius iris. 20 cm lang, auch Schillerglanzstar genannt, hat seine Heimat in Westafrika, wo er von Guinea bis zur Elfenbeinküste in Baumsavannen vorkommt. Seine Nahrung, die zum großen Teil aus Insekten besteht, sucht er am Boden. Das Nest wird in eine Baumhöhle gebaut. Die zumeist 4 grünlichen Eier haben wenige braune Flecken und werden nur vom Weibchen 14 Tage lang bebrütet. Die Jungen verlassen mit etwa 3 Wochen das Nest. Dieser hübsche Star wird nicht häufig gehalten. Er eignet sich gut für die Zimmer-, im Sommerhalbjahr auch für die Gartenvoliere. Er wird sehr zutraulich und seine Zucht ist schon mehrfach gelungen. Sein in schnellen Folgen ausgestoßener Ruf klingt wie: „tschä tschä tschä“.

Weißhaubenhäherling, Garrulax leucolophus. Wird 30 cm lang und ist vom Himalajagebiet bis zum Westen Chinas und Sumatra anzutreffen. Er ist ein sehr neugieriger Vogel der offenen Waldgebiete. Als Allesfresser durchstöbert er die Dickichte und verschmäht neben Früchten, Beeren, Insekten und anderem Kleingetier auch Eier und junge Vögel nicht. Darum ist seine Unterbringung nur mit größeren Vögeln angebracht, auch mit Fasanen. Die Voliere sollte groß sein, denn sein Bewegungsdrang ist entsprechend. Wenn ein Schutzraum vorhanden ist, darf dieser Häherling auch im Winter die Gartenvoliere bewohnen. Seine Stimme ist ziemlich lautes Gackern, der Gesang ein sehr verschiedenartiges, hübsches Flöten.

Weißnackenbülbül, Pycnonotus sinensis. Auch Chinesischer Bülbül genannt, wird 22 cm lang und hat seine Heimat im mittleren und südlichen China sowie auf den Riukiuinseln und auf Taiwan. Busch- und baumreiche, parkähnliche Landschaft ist sein Lebensraum. Seine Nahrung besteht vor allem aus Früchten, für die Aufzucht der Jungen auch aus Insekten. Er wird seltener eingeführt und ist wenig kälteempfindlich, kann also im Sommer in der Gartenvoliere gepflegt werden. Gegenüber gleichgroßen Vögeln ist er friedlich, kann kleinere jedoch beunruhigen und ihnen Eier und Junge stehlen. Paarweise untergebracht, kann die Zucht gelingen. Der Gesang ist ein leises, wenig melodisches Zwitschern und Schilpen.

Weißscheitelrötel, Cossypha niveicapilla. Länge 20 cm, ist von Senegal und Gambia in Westafrika ostwärts bis zum Südwesten Äthiopiens, zum Westen Kenias und Nordwesten Tansanias beheimatet. In Westafrika reicht sein Verbreitungsgebiet südwärts bis zur Kongomündung. Sein Lebensraum ist die Savanne mit viel Gebüsch und lichtem Wald. Da er nur in geringer Zahl importiert wird, ist er,wie die anderen Rötel, bei Vogelliebhabern nicht sehr bekannt. Er wird aber sehr geschätzt, da bald zutraulich und gut eingewöhnt. In einem großen Käfig oder der Zimmervoliere fühlt er sich am wohlsten. Der Gesang ist flötend und zwitschernd, hat sehr schöne Strophen, die mit Lauten anderer Vögel angereichert werden.

Vögel halten und pflegen

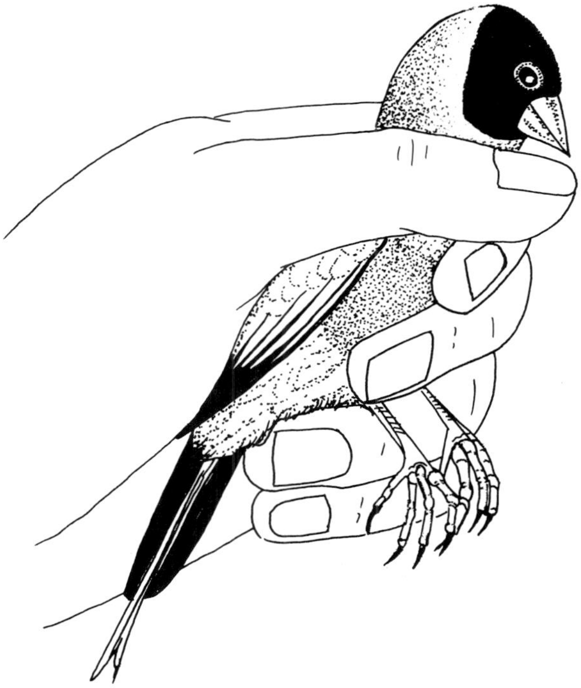

Die Eingewöhnung

Vor dem Kauf exotischer Vögel sollte deren neue Unterkunft schon sorgfältig eingerichtet sein. Es ist unbedingt zu vermeiden, nach dem Einsetzen der Vögel Veränderungen in ihrem Käfig oder ihrer Voliere vorzunehmen. Das würde nur wildes, panikartiges Umherflattern zur Folge haben und die Gefahr von Verletzungen heraufbeschwören. Auf jeden Fall würde es Streß für die Vögel bedeuten, die schon durch Fang, Transport, öfteres Umsetzen beim Importeur und Händler, durch Herausfangen von Mitbewohnern aus den engen Verkaufskäfigen immer wieder geängstigt wurden. Hinzu kommt, daß sie durch Futterumstellung und das Zusammengepferchtsein mit vielen anderen Vögeln und durch die damit verbundene Unsauberkeit sehr geschwächt sind.

Viel Ruhe und keinen Streß

In der ersten Zeit ist für die Neuankömmlinge völlige Ruhe am wichtigsten. Die Vögel müssen sich erst einmal einleben, weshalb wir sie nur aus einiger Entfernung und möglichst nur durch einen Türspalt oder ein Versteck unbemerkt beobachten.

Müssen wir uns ihnen nähern, um ihnen Futter und frisches Wasser zu bringen, dann tun wir das langsam und vorsichtig. Wir sollten jedoch beruhigend sprechen oder pfeifen, denn wenn wir uns stumm nähern, könnte das für die Vögel einem Anschleichen gleichkommen und sie erst recht in Panik versetzen.

Für die Nächte lassen wir in der Nähe der Vögel eine schwache Beleuchtung an, damit sie auch dann die Orientierung haben, wenn sie mal unverhofft aufwachen. Sonst könnte es wildes Getobe geben, denn ein Vogel bringt die anderen mit seinem Geflatter schnell in Panik, wenn sie nichts sehen.

In den ersten Tagen der Ruhe gewöhnen sich die neuen Vögel an ihren Käfig oder die Voliere. Sie lernen die Sitzstangen, Zweige, Verstecke, Schlafkörbchen oder Schlafplätze, Futter-, Wasser- und Badebehälter kennen. Je weniger wir sie davon ablenken, desto schneller leben sie sich ein und fühlen sich bald zu Hause. Am Rande nehmen sie uns wahr und erkennen bald, daß wir keine Gefahr bedeuten. Manche werden schnell zutraulich und kommen neugierig näher, wenn sie uns erblicken. Wie schnell die Vögel vertraut werden, liegt auch an der Art, am Alter, ob sie Wildfänge oder hier gezüchtet worden sind.

Die Quarantäne

Besitzen wir schon Vögel, dann ist es nicht ratsam, die neu erworbenen gleich zu diesen zu setzen, selbst wenn sie von der gleichen Art sind und sich verstehen würden. Richtig ist es, sie getrennt unterzubringen, am besten in verschiedenen Räumen. Egal ob die zugekauften Vögel Wildfänge sind oder hier gezüchtet wurden, sie können Krankheitserreger tragen, gegen die unsere Vögel nicht immun sind. Darum sollten die Neuen in Quarantäne gehalten werden, und zwar für zwei bis drei Monate. Manche Liebhaber haben schon durch sofortiges oder zu frühes Zusammensetzen der Vögel einen Teil oder sogar den gesamten Bestand verloren.

In der Quarantäne können wir die neuen Vögel genau beobachten. Es sollten mehrmals Kotproben genommen und zur Untersuchung eingeschickt werden. Ob eine Wurmkur oder Behandlungen gegen Salmonellen, Kokzidien oder andere Erreger notwendig sind, wird sich aus den Kotuntersuchungen und anderen Anzeichen der vielleicht erkrankten Vögeln ergeben. Durch enge Zusammenarbeit mit einem in Vogelkrankheiten bewanderten Tierarzt lassen sich viele Verluste vermeiden.

Während der getrennten Haltung können die neuen Vögel langsam an unser Klima und das neue Futter gewöhnt werden. Zuerst sollten sie warm, je nach Art und Herkunft zwischen 20 und 28 C sowie bei hoher Luftfeuchtigkeit (über 60%) untergebracht sein. Erst allmählich senken wir die Temperatur auf die Werte, bei denen sie später mit den vorhandenen Vögeln zusammen leben sollen.

Die Fütterung

An Futter ist nur das Beste für die Eingewöhnung gut genug. Es sollte häufig erneuert werden, damit die Vögel mit der Nahrung nicht auch Kot und damit möglicherweise Krankheitserreger aufnehmen. Auch Trink- und Badewasser sowie der Bodenbelag sind so häufig wie möglich zu wechseln. Dies steht zwar im Widerspruch zur Notwendigkeit den Vögeln anfangs so viel Ruhe wie erdenklich zu gewähren, aber bei gut funktionierendem Gerät (Trennschieber, gängige Schubladen) und konzentrierter Arbeitsweise können die notwendigen Handgriffe schnell erledigt werden, ohne eine allzu große Beunruhigung für die Vögel darzustellen.

Die neuen Vögel sollten ihr Futter anfangs nicht nur in Automaten oder engen Näpfen geboten bekommen, sondern auch in großen Schalen, etwa in glasierten Blumentopfuntersetzern aus Ton. So finden sie das Futter und können die schweren Schalen nicht umwerfen, die obendrein leicht auszuwaschen sind.

Für Prachtfinken und andere Körnerfresser, die überwiegend von mehlhaltigen Samen leben, bildet Kolbenhirse ein sehr gutes Eingewöhnungsfutter. Sie kann in Reichweite einer Sitzstange aufgehängt werden, wo die Vögel sie sofort annehmen.

Zeisigen und anderen Körnerfressern, die vor allem ölhaltige Sämereien verzehren, wird in einer Schale reine Negersaat geboten, in einer zweiten ein Mischfutter, wie es für die entsprechenden Vögel erprobt und bewährt ist.

Weichfresser bekommen sowohl Insekten, vor allem Mehlwürmer, als auch süßes Obst. Den Früchten und auch den Mehlwürmern kann etwas Weichfutter beigemengt werden. Am zerschnittenen oder halbierten Obst haftet es von selbst, den Mehlwürmern wird ein Tropfen Vitamine oder Honig beigegeben, so daß vom Weichfutter etwas kleben bleibt. Auch zerschnittene Insekten können mit Weichfutter vermischt werden, um die Vögel allmählich daran zu gewöhnen.

Den einzugewöhnenden Vögeln kann im Wechsel schwacher schwarzer Tee, aber auch Kamillen-, Fenchel- oder Spitzwegerichtee gereicht werden, auch wenn sie keinen Durchfall haben. Auf diese Weise kann manchen Durchfallerkrankungen vorgebeugt werden. Eine natürliche Entwurmung ist ohne weiteres möglich, wenn etwas Möhren- oder Knoblauchsaft zum Trinkwasser gegeben wird.

Die Quarantäne langsam aufheben

Ist die Eingewöhnung der neuen Vögel ohne Erkrankungen verlaufen, dann ist es nach einiger Zeit besser, einen oder zwei Vögel aus dem alten Bestand zu den Neulingen zu setzen. An diesen wird sich innerhalb eines Monats zeigen, ob auch wirklich keine Krankheitserreger eingeschleppt wurden. Werden die neuen Vögel nach der Quarantäne gleich zu einem Schwarm verhandener in eine Voliere gelassen, kann es durchaus noch zu Überraschungen kommen.

Unterbringung, Ernährung, Pflege

Die artgerechte Unterbringung

Im Käfig

Wir müssen unsere Vögel so halten, daß sie artgerecht untergebracht sind. Das schreibt nicht nur das neue Tierschutzgesetz vor, sondern es sollte auch unser persönlicher Wunsch sein. Ihre Behausung ist so groß zu wählen, daß unsere Pfleglinge darin wenigstens eine kleine Strecke fliegen können. Das bedeutet, daß wir selbst für die kleinsten Vogelarten einen Käfig von 70 cm Länge, 50 cm Höhe und 40 cm Breite brauchen. Für die größeren in diesem Buch beschriebenen Vogelarten ist ein Käfig zu wählen, der 120–150 cm lang, 80–100 cm hoch und 50–60 cm breit ist. Mit einem kleineren Käfig können wir den Vögeln kein Flugvergnügen bieten, und wir berauben uns der Möglichkeit, ihnen dabei zuschauen zu können.

Standort: Der Käfig sollte einen hellen, zeitweise sonnigen Standort haben, denn fast alle Vögel lieben es, im Sonnenlicht zu baden. Ihre Farben kommen dann erst voll zur Geltung. Das Gefieder einiger Arten schillert darin so phantastisch, daß es uns immer wieder aufs neue begeistert. Stellen wir den Käfig an ein Südfenster, ist trotz des geliebten Sonnenlichts für einen Teil des Käfigs Schatten erforderlich. Die Vögel müssen die Möglichkeit haben, den manchmal zu stark wärmenden Sonnenstrahlen auszuweichen.

Ausstattung: Gerade im Sonnenlicht fällt silbern oder golden glänzendes Gitter unangenehm auf. Es behindert unsere Sicht auf die Vögel und kann diese sehr irritieren. Beim Kauf oder Bau eines Käfigs sollten wir darauf achten, daß die Gitterstäbe dunkelbraun oder schwarz gesintert oder dunkelgrün kunststoffummantelt sind. Letzteres gibt es auch als Maschendraht. Da wir es hier durchweg mit nicht nagenden Vögeln zu tun haben, sollten wir diese im Handel immer häufiger angebotenen Käfige nehmen. Einfach verzinktes Gitter oder Drahtgeflecht geht auch, weil es in ganz kurzer Zeit mattgrau wird, doch verchromte oder messingglänzende Käfige sind abzulehnen.

Ein wesentlicher Punkt bei der Kaufentscheidung für einen Käfig sollte ein hoher Sockel mit leichtgängigen, stabilen Schubladen sein. Sie dürfen nicht klemmen, damit die Vögel nicht jedesmal in Panik versetzt werden, was sich durch

Flacher Kistenkäfig mit großer Bodenfläche, gut geeignet für ein Pärchen Wachteln oder andere Vögel, die nicht gern fliegen. Unter Umständen kann die Sitzstange ganz herausgenommen werden.

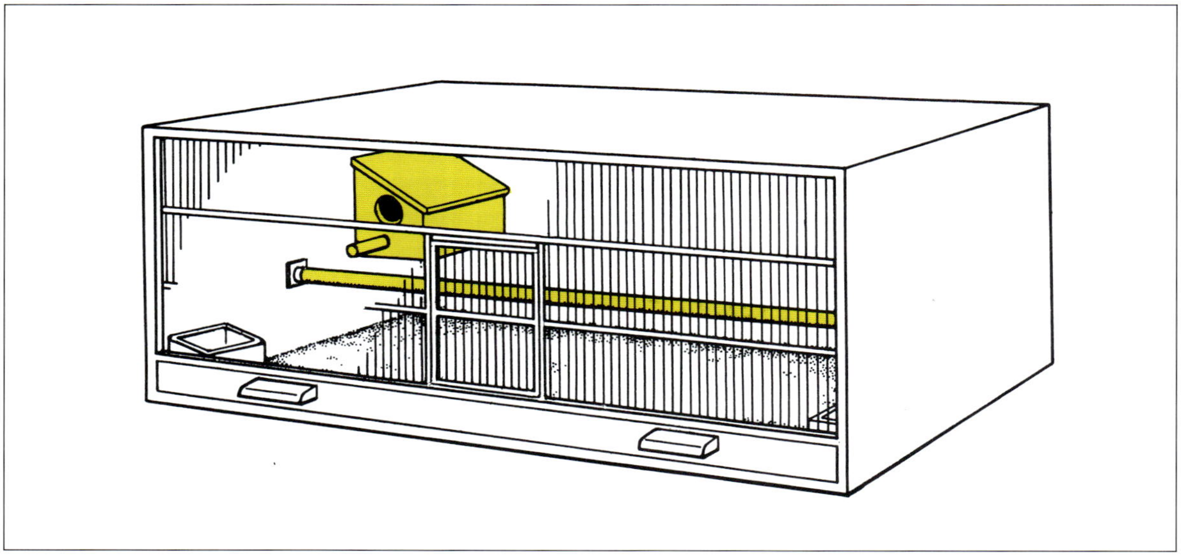

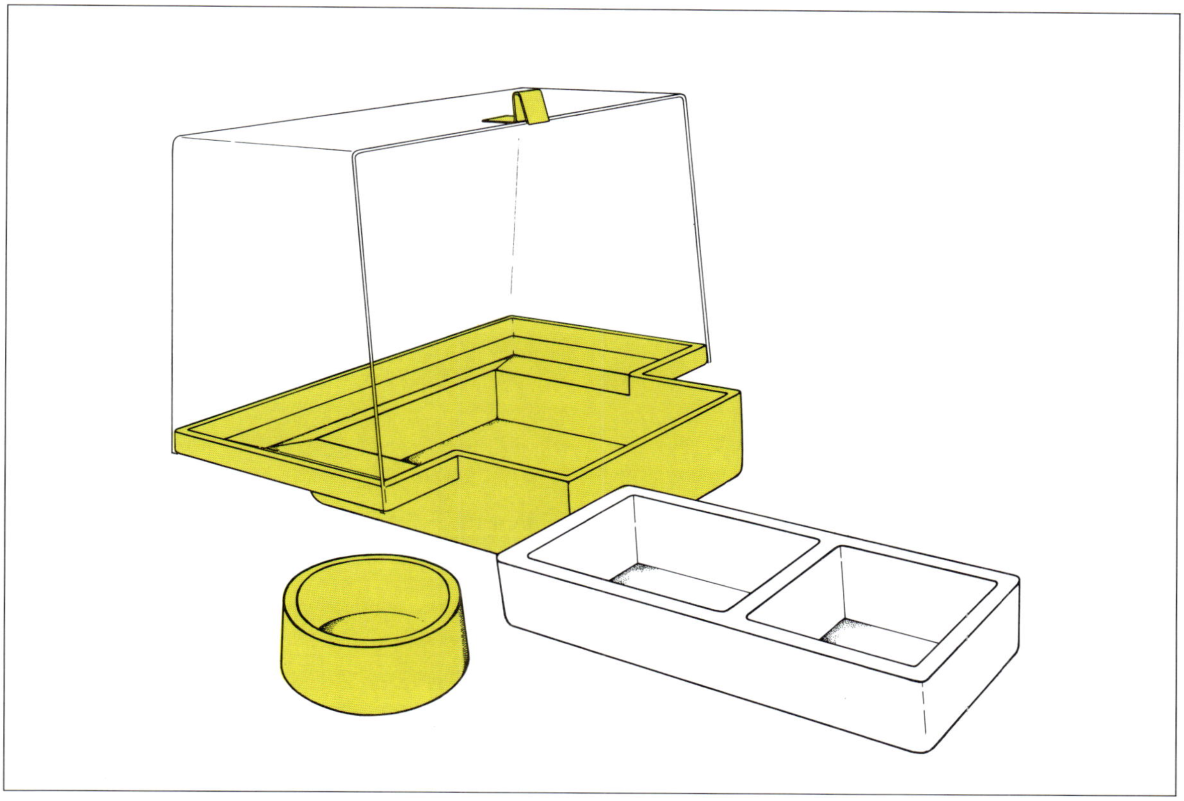

Badehäuschen, Trink- und Futternäpfe für alle Vögel sind im Fachhandel erhältlich.

Rütteln und Zerren nicht vermeiden läßt. Ist der Käfig breit genug, wird er zwei Schubladen und einen Mittelschieber aus Blech, Sperrholz oder Kunststoff haben. Dann bereitet das Herausziehen der Schublade der einen Hälfte den Vögeln noch weniger Aufregung, sitzen sie doch abgeteilt in der anderen. Somit wird das Reinigen der einen Käfighälfte zu keinem Streß für uns und die Vögel. Es kann durch genügend große und sinnvoll angeordnete Türen leicht vorgenommen werden. Darauf müssen wir beim Kauf achten.

Sitzstangen: Die meisten mit dem Käfig gelieferten Sitzstangen aus Hartholz oder Kunststoff können wir gleich wegtun, denn sie sind für die Vögel eine Tortur. Alle haben die gleiche Stärke, sind zu hart und federn nicht. Wenn wir schon durchgehende Sitzstangen nehmen, dann aus Weichholz in unterschiedlicher Stärke. Runde Stangen sind nicht so gut wie ovale oder viereckige mit abgeschrägten Kanten. Diese geben den Vögeln einen festeren Halt.

Noch besser sind die ebenfalls viereckigen Schwebesitzstangen. Sie werden nur auf einer Seite zwischen das Gitter geklemmt, während sie auf der anderen im Käfig schweben und den anfliegenden Vögeln elastisch federnd nachgeben, fast wie die Zweige der Büsche und Bäume. Diese sind übrigens eine gute Alternative für die Weichholz- und die Schwebesitzstangen. Werden sie frisch alle paar Wochen mit ihrer weichen Rinde in den Käfig eingebracht, haben die Vögel stets ein herrliches Sitzvergnügen.

Futter- und Wassernäpfe: Die Futter- und Wassernäpfe müssen sich für die Reinigung und zum Wiederauffüllen bequem aus dem Käfig nehmen lassen. Dabei sind die Beunruhigungen für die Vögel so gering wie möglich zu halten. In dieser Hinsicht helfen sinnvoll angebrachte Klappen oder Türen sehr. Sonst sind Futter- und Trinkautomaten, deren Fuß von außen durch das Gitter gesteckt wird, günstiger. Auch werden Verschmutzungen des Futters und Wassers weitgehend vermieden. Das Futter wird nicht von Spelzen zugedeckt, wie das in Näpfen oft der Fall ist. Futter- und Wasserstand lassen sich in den Automaten auf einen Blick kontrollieren. Für neu erworbene Vögel, vor allem für frisch importierte Wildfänge sind Futter und Wasser in flachen Schalen auf dem Boden des Käfigs anzubieten, bis sie die anderen Näpfe und/oder Automaten sicher annehmen.

Einzelhaltung: Fast alle im Handel erhältlichen Käfige sind allseitig verdrahtet. Sie eignen sich vor allem für einen einzeln gehaltenen Sänger, der obendrein ganz zutraulich wird. Der Vogel hat es hell darin. Er braucht keine zusätzliche Beleuchtung und wird in der Regel auch viel Freiflug im Zimmer bekommen.

Kistenkäfige: Unter Züchtern sind mehr und mehr die Kistenkäfige beliebt. Eine Anzahl von Herstellern hat sich auf diese Käfigart spezialisiert, bei der bis auf die Vorderseite alle Wande aus festem Material sind, meistens aus Holz oder Kunststoff.

In einem Kistenkäfig fühlen sich die Vögel geborgener. Sie haben darin ruhige Winkel, in die sie sich zurückziehen können. Das Gefühl, nur von einer Seite von uns Menschen „bedroht" zu werden, macht viele sogleich gelassener und bald zutraulicher. Uns bietet der Kistenkäfig einen schöneren Anblick der Vögel, da hinter ihnen kein zweites Gitter ist, sondern eine weiße oder helle Fläche.

Beleuchtung: Auch wenn der Kistenkäfig innen in hellen Farbtönen gestrichen ist, wird es fast immer erforderlich sein, eine Beleuchtung einzubauen. Es fällt eben zu wenig Licht herein. Am günstigsten und schönsten ist es, vorne unter die Decke eine dünne Leuchtstoffröhre zu bauen. Es gibt diese in allen Längen und Wattstärken zu kaufen. Werden sie hinter einer dünnen Leiste als Sichtblende montiert, können sie unseren Anblick der Vögel nicht stören. Diese kommen dagegen im vollen Licht in ihren schönsten Farben zur Geltung.

Damit das Licht nicht nur schöne Farben bei den Vögeln hervorbringt, sondern auch zu ihrer Gesundheit beiträgt, sind Leuchtstoffröhren mit Tageslichtspektrum anderen vorzuziehen. Diese haben einen Anteil an ultraviolettem Licht, das für die Bildung des Vitamins D3 im Körper der Vögel verantwortlich ist. Hier sind vor allem die amerikanischen True-Lite-Röhren, die Lumilux-Röhren Lichtfarbe 11 und 12 sowie die Biolux-Röhren von Osram zu nennen.

In der Vitrine

Eine Leuchtstoffröhre unter dem vorderen Rand der Decke macht eine Vitrine zu einem wahren Schmuckstück, denn diese hat auch kein Gitter in der Vorderseite, sondern eine Glasscheibe. Für uns als Betrachter ist eine Vitrine eine ideale Vogelunterkunft.

Bauliche Voraussetzungen: Damit sie es auch für die Vögel ist, sind bestimmte bauliche Voraussetzungen zu erfüllen. In der Decke und im oberen Teil einer Seitenwand ist die Vitrine mit Lüftungslöchern oder -schlitzen zu versehen, damit eine genügende Frischluftzufuhr gewährleistet ist. Die Lüftungslöcher dürfen jedoch nicht auf beiden Seiten vorhanden sein, das würde Zugluft bringen. Sehr gute Luftverhältnisse ohne Durchzug können erreicht werden, wenn die Decke gänzlich und eine Seite zu etwa drei Vierteln aus Drahtgeflecht oder Perlongaze bestehen. Letztere ist vorzuziehen, wenn in der Vitrine Vögel gepflegt werden, die mit kleinen, herumfliegenden Insekten, etwa Fruchtfliegen oder Wiesenplankton, versorgt werden. Diese Tierchen können dann nicht überall in der Wohnung herumschwirren, sondern stehen den Vögeln als Nahrung zur Verfügung.

Frontscheibe und Einrichtung: An beiden Enden sind Versorgungsklappen oder Türen vorzusehen, damit bei Fütterungen oder anderen kleinen Handgriffen nicht jedesmal die Frontscheibe bewegt werden muß. Das wird trotzdem oft genug notwendig sein, denn durch das tägliche Baden der Vögel kommen mehr Wasserspritzer auf die Scheibe als uns lieb ist. Auch Staub und Kotflecke werden nicht zu vermeiden sein. Damit die Scheibe möglichst lange sauber bleibt und wir auch nicht durch Spiegelungen irritiert

werden, sollte sie zum oberen Ende hin etwas zurückgeneigt stehen.
Am besten wird für die Frontscheibe gleich eine Doppelführung vorgesehen. Dann kann eine saubere Scheibe schon hineingeschoben werden, bevor die schmutzige herausgezogen wird. Bei genügender Länge der Vitrine sind zwei Scheiben notwendig, ferner die Möglichkeit, sie per Mittelschieber in zwei Teile zu trennen. Dann haben wir es sehr einfach mit ihrer Reinigung und mit der Neugestaltung der Einrichtung. Bei nur wenigen Vögeln (kleinen Weichfressern zumeist), die keine Blätter und Knospen anbeißen, werden wir die Vitrine mit lebenden Pflanzen einrichten. In der Vitrine läßt sich jedes tropische Klima herstellen, so wie es unsere Pfleglinge, Vögel wie Pflanzen, benötigen. In ihr kann ein Biotop geschaffen werden, dessen Aufrechterhaltung sehr kostenintensiv ist und obendrein viel Arbeit macht.

Große Zimmervoliere, die mehreren Zuchtpaaren oder einer bunten Vogelgesellschaft viel Platz bietet.

In der Zimmervoliere

Zimmervolieren sind die größeren Ausgaben der Käfige, was mehr Flugraum für die Vögel bedeutet. Der Ausdruck Voliere geht aus dem französischen Wort volière (=Vogelhaus) sowie aus dem lateinischen volare (=fliegen) hervor.
Ausstattung: Es gibt Volieren mit Gitter oder Drahtgeflecht auf allen Seiten oder wie ein Kistenkäfig gebaute, wobei sie nur die Vorderfront mit Drahtgeflecht bespannt haben. Auch alle Zwischenformen sind möglich, bei denen Seitenwände, Decken oder Teile davon Drahtgitter besitzen können, ganz nach unserem Geschmack, den Bedürfnissen der Vögel und den Lichtverhältnissen in dem betreffenden Raum.
Volieren werden von verschiedenen Herstellern aus Holz, Kunststoff oder Metall angeboten. Manche können wie ein Möbelstück in der zur Einrichtung passenden Holzart und Beizung bestellt werden, andere sind zum Zusammensetzen und können nach dem Baukastenprinzip erweitert und verändert werden. Sie lassen sich mit etwas handwerklichem Geschick auch selbst aus Latten und Drahtgeflecht in jeder beliebigen Größe und Form herstellen.

Zimmervolieren können auf Rollen, auf Tischen, Unterschränken oder direkt auf dem Boden stehen. Stehen sie erhöht, dann haben sie in der Regel Schubladen aus Kunststoff, Aluminium oder Zinkblech. Bei größeren Volieren sind mehrere Schubladen nebeneinander erforderlich. Sie müssen von der Größe und vom Gewicht her noch zu tragen sein. Es geht aber auch ohne Schubladen. Ein mehrere Zentimeter hoher Sockel läßt den Sand, die Federchen und die Spelzen auch nicht aus der Voliere fallen, vor allem wenn oberhalb des Sockels noch Plexiglasscheiben von ca. 20 cm Höhe angebracht werden. Beim Reinigen wird der Unrat einfach mit einem starken Bodenstaubsauger abgesogen. Bei Zimmervolieren, die bis auf den Fußboden reichen, gehen wir ohnehin so vor, denn da müssen wir ja hinein, wenn wir saubermachen wollen. Der Boden läßt sich gut abspachteln und abwaschen, wenn er aus einer dünnen Blech- oder Kunststoffplatte besteht.
Einrichtung: Zimmervolieren sind von der Größe und vom Flugraum her für die Vögel ideal. Auch was die Einrichtungsmöglichkeiten

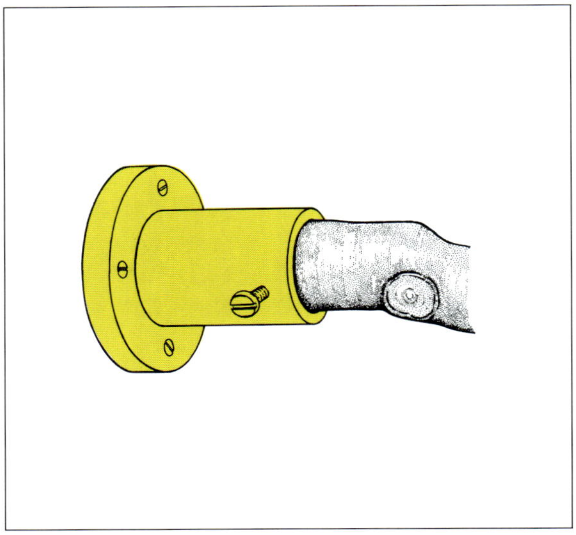

Halterungen für Äste und Zweige gibt es mit verschieden starken Bohrungen. Leichtes, schnelles Auswechseln der Sitzgelegenheiten ist mit ihnen gewährleistet.

betrifft, können wir sehr viel mehr auf die Bedürfnisse der einzelnen Arten eingehen als dies in einem Käfig möglich wäre. Äste und Zweige können mit praktischen Haltern an den Wänden befestigt oder als kleine Bäume in Weihnachtsbaum- oder Sonnenschirmständer gesteckt, lebende Pflanzen in Kübeln eingebracht werden. Dickichte und Schilfwälder lassen sich mit Hilfe von doppelten Drahtgeflechtrahmen aufbauen. Nistgelegenheiten können wir überall an den Wänden, im Gebüsch oder zwischen hohen Grasbüscheln auf dem Boden oder dicht darüber anlegen. Für Arten, die nicht gern auf den Boden kommen, kann ein Futtertisch in jeder beliebigen Höhe aufgestellt oder ein Futterbrett von innen an der Tür angehängt werden.
Standort: Es ist ideal wenn eine Zimmervoliere direkt an einem Südfenster stehen kann oder direkte Sonnenbestrahlung durch ein schrägstehendes Dachfenster erhält. Meistens haben wir jedoch nicht die Möglichkeit für einen so günstigen Standort. Dann sollten wir für eine gute Beleuchtung mit Hilfe von Tageslicht-Leuchtstoffröhren sorgen, wie im Abschnitt über Käfige beschrieben.

In der Gartenvoliere

Für viele Vogelliebhaber ist eine Gartenvoliere ein Wunschtraum. Auch wenn wir sie für unsere exotischen Vögel zumeist nicht das ganze Jahr hindurch nutzen können, so bietet sie ihnen doch für die längste Zeit des Jahres frische Luft, Sonne, Wind und Regen. Setzen wir die Vögel zu einem günstigen Zeitpunkt in die Gartenvoliere, am besten zu Beginn einer Schönwetterperiode im Frühsommer, dann werden sie sich ohne irgendwelche Erkrankungen darin einleben. Manche der in diesem Buch beschriebenen Arten sind so robust, daß sie auch im Winter in der Gartenvoliere gehalten werden können, wenn sie jederzeit die Möglichkeit haben, eine angeschlossene Innenvoliere aufzusuchen.
Eine Gartenvoliere kann meistens großzügig angelegt werden. Da sind ein paar Quadratmeter mehr vom Garten abgezweigt für die Vögel von großem Gewinn, können sie doch wesentlich ungestörter darin fliegen als in einer engen Voliere und der Lebensraum für die Vögel läßt sich viel besser gestalten. Sie verschmutzt nicht so schnell, und wir haben mehr Bewegungsfreiheit, wenn wir darin saubermachen.
Standort: Den Standort für die Gartenvoliere sollten wir uns vor dem Bau gut überlegen. Am besten wird sie an die Südseite des Hauses, der Garage, eines Schuppens oder Stalls angebaut. Dann haben wir schon mal dafür gesorgt, daß sie geschützt steht. Wird die Westseite und ein Teil des Daches mit Glasscheiben oder Plexiglasplatten geschlossen, dann können sich die Vögel in der Voliere schon bei allen Wetterlagen des Sommerhalbjahres wohlfühlen.
Innenvoliere: Grenzt die Gartenvoliere an einen gut isolierten, heizbaren Raum, dann kann dieser als Innenvoliere genutzt werden. Er braucht Fenster oder Oberlicht und eine Beleuchtung, die zumindest für die kurzen und düsteren Wintertage eingeschaltet werden muß. Ein Futtergang ist vor der Innenvoliere vorzusehen, der gleichzeitig als Eingangsschleuse dient. Eine solche ist auch vor der Gartenvoliere wichtig, es sei denn, diese kann vom Innenraum aus betreten werden.

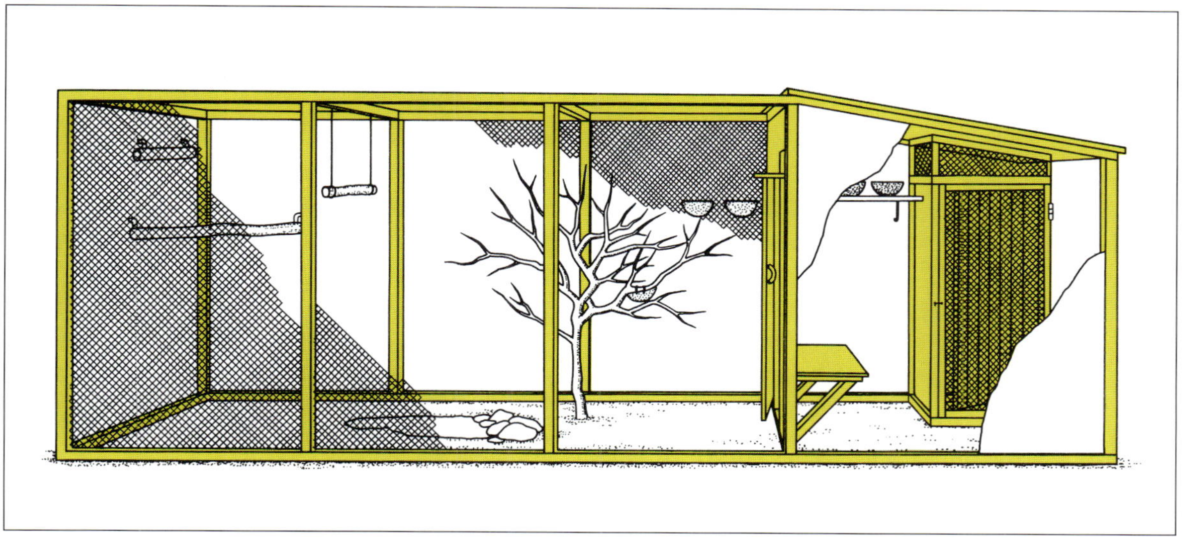

Dies ist eine geräumige Gartenvoliere mit angeschlossener Innenvoliere, in der sich Futtertisch und Eingangsschleuse befinden.

Fundament: Um die Gartenvoliere sicher vor Mäusen und anderem Kleingetier zu machen, braucht sie ein solides Fundament. Dieses müßte einen Meter tief in den Boden eingelassen werden, wenn der Boden in der Voliere naturbelassen bleiben soll. Wird er ausbetoniert oder ganz dicht mit 8 cm dicken Platten ausgelegt, darf das Fundament auch flacher sein. Die Anker werden darin eingemauert, wenn die Rahmenkonstruktion der Voliere aus Holzlatten besteht. Wird dafür jedoch Metall verwendet, können die notwendigen Rohre oder Winkelschienen gleich in das Fundament eingemauert werden.

Bespannung: Die Bespannung der Gartenvoliere kann bei unseren exotischen Vögeln aus kunststoffbeschichtetem, punktgeschweißtem Drahtgeflecht bestehen, das eine Maschenweite von 12,5 × 12,5 mm besitzt. Sonst läßt sich auch der ganz dünne Stahldraht gleicher Maschenweite verwenden, der aber jährlich einmal einen schwarzen Anstrich benötigt, soll er nicht rosten. Der sechseckige „Kükendraht" sieht grün kunststoffummantelt etwas zu dick aus, der verzinkte hat in den Maschenwinkeln häufig messerscharfe Zinkrückstände.

Pflanzen: Bei naturbelassenem Boden kann die Gartenvoliere bepflanzt werden. Von Körnerfressern, die Knospen und Blätter anpicken, werden Holunder, Lebensbaum und Wacholder am besten verschont. Bei den anderen Vögeln sind auch verschiedene Nadelbäume, Bambus, Buchsbaum und andere sinnvoll. Ist der Boden mit Platten ausgelegt oder betoniert, können die Büsche und Bäume in Kübeln hineingestellt werden. Sonst sind frische Äste und Zweige genauso in Ständern auf dem Boden oder in Halterungen an den Wänden und Trägern zu befestigen wie in Zimmervolieren.

Futter- und Wassernäpfe: Die Futter- und Wassernäpfe bzw. Automaten sind in der Innenvoliere anzubringen, ebenso die Nistgelegenheiten, zumindest im überdachten Teil der Gartenvoliere. Sonst sind sie dem Regen ausgeliefert. Auch hilft dies mit, die Vögel zum Übernachten im Schutz der Innenvoliere zu bewegen.

Durchflug: Der Durchflug von der Garten- zur Innenvoliere bekommt je nach Größe der Vögel die Maße von 15 × 15 bis 30 × 30 cm. Von beiden Seiten wird unter dem Durchflug ein etwa 15 cm breites Anflugbrett befestigt. Dann können die Vögel auch hindurchlaufen. Es sollte die Möglichkeit bestehen, den Durchschlupf mit einer Falltür oder einem Schieber von außerhalb der Voliere zu schließen. Befinden sich Fenster zwischen Garten- und Innenvoliere, sollten sie aus Draht- oder Milchglas bestehen, um ein Gegenfliegen der Vögel zu vermeiden.

Schutz vor Katzen: Katzen belagern eine Voliere oft ständig. Die Vögel werden von ihnen beunruhigt, manchmal beim Gegenspringen oder Hinaufklettern regelrecht in Panik versetzt, so daß sie sich nicht selten verletzen. Nichts hilft gegen die Besuche der Katzen besser als ein elektrischer Weidezaun. Der Strom ist völlig ungefährlich für Mensch und Tier, versetzt einer dagegenkommenden Katze aber einen spürbaren Schlag. Die Anlage wirkt am besten wenn je ein Draht in 30 und 75 cm Höhe rund um die Voliere geführt wird, ein weiterer rund um den oberen Rand. Neben Katzen werden auch Marder und Wiesel durch diese Einrichtung von der Voliere ferngehalten.

Die Ernährung

Die Vögel haben in der Natur fast immer einen reich und vielseitig gedeckten Tisch. Von Sämereien verschiedenster Art in halbreifem bis frischreifem Zustand können die Körnerfresser schwelgen. So vitaminreich und leicht verdaulich sind die noch weichen Gras- und Krautsamen, daß sie für einige Vogelarten die einzige Nahrung darstellen, selbst zur Aufzucht ihrer Jungen. Andere Körnerfresser nehmen Kerfe und deren Raupen oder Larven zur Fütterung ihrer Nestlinge sowie als Beikost für sich selbst. Insekten, Spinnen, Schnecken, Würmer und verschiedenes anderes Kleingetier sind für viele Weichfresser die wichtigste Nahrung. Bei anderen Arten sind süße Früchte, Obst und Beeren am beliebtesten. Die meisten von ihnen sind Gemischtköstler und nehmen sowohl tierische als auch pflanzliche Nahrung zu sich. Daß auch weitere Futterstoffe von den Vögeln, egal ob Körner- oder Weichfresser, aufgenommen werden, ist uns oftmals gar nicht bekannt. Es sind unter anderem zarte Triebe, Knospen, Blütenblätter, Pollen, Nektar und andere Pflanzensäfte.

Links ein Weichfresser (Insekten, Früchte) mit Pfriemschnabel, rechts ein Körnerfresser mit Kegelschnabel.

Wir können den Vögeln nicht annähernd das bieten, was sie an Nahrung in der Natur finden. Die Körnerfuttermischungen, die wir für sie zusammenstellen, bestehen aus voll ausgereiften, harten Sämereien. Durch Lagerung verlieren sie an Nährwert und Vitaminen. In der Natur fressen die Vögel solche Samen nur in Dürrezeiten, wenn keine frischreifen zur Verfügung stehen. Solange sie noch keimfähig sind, können wir aus einem Teil davon Keimfutter herstellen. Dieses hat annähernd den Wert frischreifer Samen. Besonders wertvoll sind Gräser und Wildkräuter mit Samenbeständen aus der Natur. Den Vögeln kann vom frühen Frühjahr bis zum Spätherbst stets etwas mitgebracht werden, was gerade am Reifen ist. Manches davon bietet den Vögeln neben den Samen auch frisches, saftiges Grünfutter. Die wichtigsten Wildkräuter werden bei den jeweiligen Futterplänen genannt.

Den Weichfressern können je nach Größe die verschiedenen Weichfuttersorten geboten werden, die es im Handel gibt. Es werden zumeist grobe, mittelfeine und sehr feine Mischungen angeboten. Getrocknete Insekten verschiedener Art und Größe sind die wichtigsten Bestandteile dieser Mischungen, die oft mit Fett oder Honig angereichert sind. Besonders die Fettmischungen sollte man im Kühlschrank aufbewahren, da sie leicht ranzig werden und dann eine Gefahr für die Vögel darstellen. Die Weichfuttersorten werden meistens viel lieber genommen, wenn sie mit Magerquark, hartgekochtem Eigelb, zerdrückter Banane, geriebener Möhre oder Apfel angereichert wurden. Welches die beste Zusammensetzung des Weichfutters ist, wird sich jedem Vogelliebhaber an der Annahme oder Ablehnung durch seine Pfleglinge zeigen.

Neben dem Weichfutter sind lebende Insekten wichtig. Üblich sind Mehlwürmer, doch sollten auch andere Futtertiere gereicht werden. Was alles von den Vögeln genommen wird, steht in den einzelnen Futterplänen.

Viele Weichfresser, und nicht nur sie, nehmen süße Früchte und Beeren zu sich, manche als Beikost, andere als wichtigsten Bestandteil ihrer Nahrung. Gekochter Reis und andere Ersatznahrung können manchmal sehr wichtig sein.

Nicht nur Kolibris und Nektarvögel können dank der neuen Fertignahrung problemloser als früher ernährt und gehalten werden, auch viele kleine und große Weichfresser profitieren davon.

In den nachfolgenden Futterplänen für die einzelnen Vogelgruppen werden alle Futtersorten aufgezählt, die von Bedeutung sind, wo nötig, ihre Zubereitung erklärt. Es ist nicht zu erwarten, auch nicht möglich, daß alle Futterstoffe jederzeit zur Verfügung stehen. Die Pläne sollen vielseitig sein, damit wir in der Lage sind, unseren Pfleglingen jederzeit eine breite Ernährungsgrundlage zu bieten.

Futterplan 1

für Ammern, Farbfinken, Girlitze, Pfäffchen, Prachtfinken, Täubchen, Wachteln, Weber und Witwen

Hauptfutter: Eine käufliche Futtermischung für Exoten. Sie besteht vor allem aus verschiedenen Hirsesorten, Glanz und etwas Negersaat. Mit einem Waldvogel-Mischfutter oder Wildkrautsämereien kann den Vögeln ein vergrößertes Angebot an Sämereien geboten werden. Fast alle Vögel dieser Gruppe mögen Kolbenhirse sehr gern. Bei der Eingewöhnung von Vögeln sollte sie ständig gegeben werden, sonst nur in kleinen Mengen, damit sich die Vögel nicht zu einseitig ernähren.

Obst und Grünfutter: Nicht von allen Vögeln dieser Gruppe wird Obst angenommen. Am beliebtesten sind Apfel- und Birnenstücke, Bananen und zerschnittene Weintrauben. Geriebene Möhre wird gern gefressen, wenn man sie mit einem Aufzuchtfutter verrührt. Gurkenscheiben, Salat, Endivie, Chicorée stehen auch im Winter zur Verfügung, während Vogelmiere, Löwenzahn, Vogelknöterich, Hirtentäschel- und Kreuzkraut sowie die verschiedensten Gräser erst zu unterschiedlichen Zeiten vom Frühjahr bis zum Herbst gesammelt werden können.

Aufzuchtfutter: Ein bis zwei Tage vor dem zu erwartenden Schlupf der Jungen kann begonnen werden, den Vögeln ein Aufzuchtfutter zu reichen. Wird schon vorher damit angefangen, besteht die Gefahr, daß sie das Gelege oder die kleinen Jungen verlassen und neu zu balzen beginnen. Die meisten Vögel nehmen ein Aufzucht- oder Eifutter wie CeDe, Quiko, Trill oder Sittich-Gold an, vor allem wenn es mit geriebener Möhre oder hartgekochtem Eigelb verrührt wird. Auch ein gutes, insektenhaltiges Weichfutter kann daruntergemischt werden. Bei vielen Vögeln dieser Gruppe gelingt die Aufzucht der Jungen jedoch nicht ohne lebende, tierische Nahrung. An Mehlwürmern dürfen nur ganz kleine oder frisch gehäutete, also weiße, weiche gegeben werden. Überbrüht und zerschnitten werden sie zwar auch genommen, doch ist das Eiweiß dann längst nicht mehr so wertvoll. Frische Ameisenpuppen werden fast immer heißhungrig

Mehlwurm (Mehlkäferlarve).

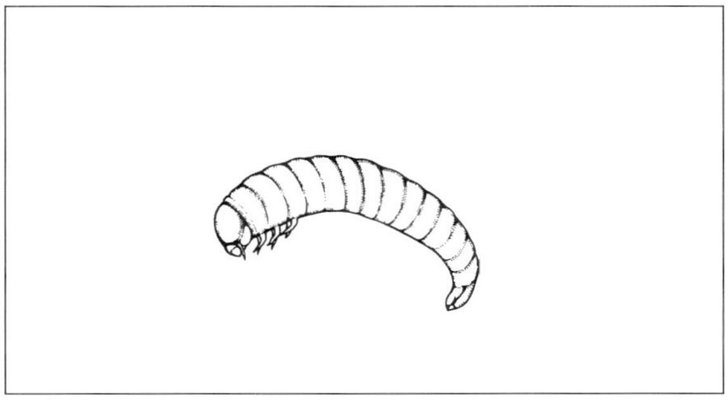

Obere Reihe: Keimfutterzubereitung.
Untere Reihe: Auf diese Weise kann Grünfutter (Salat, Kresse) in Blumentöpfen gezogen werden.

gefressen, tiefgefrorene oder getrocknete meistens nur, wenn sie zuvor in heißem Wasser zum Quellen gebracht wurden. Enchyträen, Getreideschimmelkäfer-Larven, Fliegenmaden, vor allem Pinkys, Wachsmottenlarven, ganz kleine Heimchen und Grillen sind wertvollste Nahrung, von der das eine oder andere bestimmt auch von der wählerischsten Vogelart akzeptiert wird. Sonst können wir im Sommer auch Blattläuse bieten, die oft allen anderen Futtertieren vorgezogen werden. Zusätzlich kann dann auch „Wiesenplankton“ verfüttert werden. Diese mit einem Kescher von hohen Gräsern abgestreiften, kleinen Tierchen können für wählerische Vogelarten eine wertvolle Ergänzung des Aufzuchtfutters darstellen.

Keimfutter: Ein Teil der normalen Körnerfuttermischung sollte für die Zeit der Jungenaufzucht gekeimt werden. Ohne Keimfutter bekommen manche der Vogelarten ihre Jungen nicht groß. Um täglich gekeimtes Futter reichen zu können, muß die benötigte Menge in ein Sieb gefüllt und in eine Schale mit Wasser gehängt werden. Je nach Raumtemperatur bleiben die Samen 24–48 Stunden im Wasser, wobei dieses unter gleichzeitigem Durchspülen alle 12 Stunden erneuert wird. Danach wird das Keimgut nicht mehr ins Wasser gehängt, sondern in eine leere Schüssel. Falls es vor dem Verfüttern noch zu feucht ist, kann es im Sieb auf ein Handtuch gestellt werden.

Mineralstoffe und Spurenelemente: Steinchen und Muschelgrit werden von den kleinen Körnerfressern täglich benötigt, damit die Nahrung zermahlen und somit im Verdauungssystem vom Körper absorbiert werden kann. Sie zermahlen sich auch aneinander und setzen Mineralstoffe und Spurenelemente frei. Diese sind notwendig, damit der Vogel Muskeln, Knochen und Federn bilden kann. Besonders hoch ist der Bedarf bei Nestlingen, heranwachsenden Jungvögeln, eierlegenden Weibchen und Vögeln in der Mauser. Die Nestlinge können am besten mit Mineralien versorgt werden, indem Vitakalk unter das Aufzuchtfutter gemischt wird. Sonst kann man neben Grit auch einen Kalkstein, einen Taubenstein, Sepiaschale und ein Stück alten Mörtels anbieten. Unter den Grit können zerstoßene Schalen gekochter Hühnereier gemischt werden.

Trink- und Badewasser: Täglich sollte frisches Trink- und Badewasser gereicht werden, am besten abgekocht oder abgestandenes, damit sichergestellt werden kann, daß sich kein Chlor mehr darin befindet. Bei sehr schlechtem Leitungswasser, das viele Schadstoffe enthält, ist es besser, gefiltertes Wasser oder Mineralwasser ohne Kohlensäure zu geben.

Auch das Badewasser ist täglich frisch zu reichen, bei sehr warmem Wetter auch zwei- bis dreimal. Täubchen und Wachteln ziehen ein Sandbad vor. Ihnen kann in einer Schale, etwa einer Katzentoilette, eine ca. 10 cm hohe Schicht sehr feinen Sandes geboten werden.

Futterplan 2

für Farbfinken, Gimpelartige, Girlitze, Kardinäle und Zeisige

Hauptfutter: Es gibt Futtermischungen für Neuweltzeisige, die sich auch gut für bestimmte Girlitze und Gimpelartige sowie als Zusatznahrung für Farbfinken und Kardinäle eignen. Diese enthalten viele verschiedene Sämereien, vor allem Negersaat, auch Hanf, Rübsen, Lein-, Kiefern-, Fichten-, Distel- und Erlensamen, Perillasaat, Salat- und Nachtkerzensamen, Mohn, Glanz und Hirse. Da Negersaat bei den Neuweltzeisigen besonders beliebt ist, wird sie diesen in einem Extranapf zusätzlich geboten. Manchen Gimpeln und den Kardinälen können auch geschälter Hafer, Weizen, Gerste, Milocorn, Buchweizen und Sonnenblumenkerne geboten werden.

Obst und Grünfutter: Zarte Blätter und Triebe von Löwenzahn, Vogelmiere, Salat, Endivien, Chicorée, Spinat und jungem Gras werden von fast allen Arten gern genommen. Auch Hirtentäschelkraut, Breitwegerich, Kreuzkraut, Vogelknöterich, Gänsedistel, Sauerampfer, Beifuß und Melde sind oft begehrt.

Die meisten Vögel dieser Gruppe mögen Knospen von Laub- und Nadelbäumen sehr gern. Werden im Winter Zweige ins Wasser gestellt, sind sehr bald frische, saftige Knospen aufgebrochen.

Gekauftes Obst wird von einigen Vögeln gern, von anderen fast überhaupt nicht beachtet. Das muß man ausprobieren. Was aber fast alle sehr mögen, sind die verschiedensten Beeren. Neben den Beeren aus dem Garten, wie Erdbeeren, Himbeeren, Brombeeren, Stachelbeeren und Johannisbeeren, werden auch gern Wacholderbeeren, Heidelbeeren, Holunderbeeren, Vogelbeeren, ferner die Beeren von Berberitze, Feuerdorn, Schneeball und Sanddorn genommen.

Aufzuchtfutter: Wie in Futterplan 1 angegeben.

Keimfutter: Wie in Futterplan 1, zubereitet mit den Samen, die für diese Vögel die richtigen sind.

Mineralstoffe und Spurenelemente: Wie in Futterplan 1 genannt.

Trink- und Badewasser: Wie in Futterplan 1 reichen.

Futterplan 3

für Beos, Blattvögel, Bülbüls, Drosseln, Stare und andere größere Weichfresser

Hauptfutter: Ein großflockiges Weichfutter, das es für diese Vögel von verschiedenen Herstellern als vollwertige Alleinnahrung gibt. Es enthält unter anderem getrocknete Insekten wie Weißwürmer, Mückenlarven, Fliegen und Ameisenpuppen. Ein vitamin- und mineralstoffreiches Waffelgebäck bildet die zweite Hauptkomponente dieses Weichfutters. Am liebsten wird es angenommen, wenn es mit Obstsäften, Magerquark oder hartgekochtem Ei verrührt wird. Es kann auch mit zerdrückter Banane oder mit geriebenem Apfel oder geriebener Möhre angereichert werden. Fein zerschnittene Petersilie, Löwenzahn oder Vogelmiere kann man auch daruntermischen. Das neue Alleinfutter für Beos, das es als Perlen, Preßlinge oder Granulat gibt, enthält alle lebensnotwendigen Nähr- und Vitalstoffe. Wird es mit Obstsäften etwas angefeuchtet, nehmen nicht nur Beos, sondern fast alle Vögel dieser Gruppe es begeistert auf.

Früchte, Obst und Beeren: Sie werden von fast allen größeren Weichfressern gern genommen, von manchen als willkommener Zusatz zur Insektennahrung, von anderen als Hauptnahrung. Zerschnittene Äpfel, Birnen, Bananen,

Futtermotte (Mehlmotte).

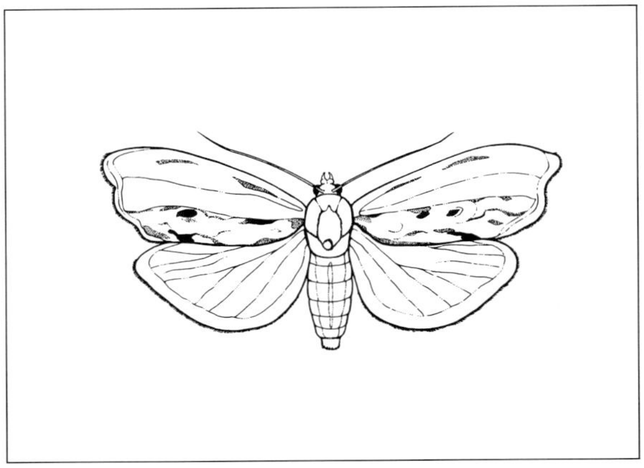

Große Wachsmotte.

Orangen, Mandarinen, Weintrauben, Pfirsiche, Nektarinen, Pflaumen, Erdbeeren, Stachelbeeren, ferner Johannisbeeren, Himbeeren, Brombeeren, Holunderbeeren, Heidelbeeren und Wacholderbeeren, Rosinen, Datteln und Feigen sind ebenfalls gute Nahrung, wenn sie schnabelgerecht zerschnitten und ungeschwefelt sind, was bei diesen Trockenfrüchten leider oft nicht der Fall ist. Ferner können gekochter Reis oder in Honigwasser eingeweichte Weißbrotwürfel gute Ersatznahrung sein.

Tierische Nahrung: Neben dem Weichfutter und Obst sind auch lebende Insekten wichtig. Mehlwürmer sollten nur in geringer Zahl gegeben werden oder wenn sie frisch gehäutet und weich sind. Ebenso verhält es sich mit den Mehlkäferpuppen. Sonst können sie bei diesen größeren Weichfressern zu Erkrankungen führen, vor allem zu Geschwüren an den Beinen. Neben den Mehlkäferlarven stehen für diese Vögel eine Anzahl weiterer Futtertiere zur Verfügung. Zu nennen sind Heuschrecken, vor allem Wanderheuschrecken in verschiedenen Größen, Stabheuschrecken, Grillen, Heimchen, Regenwürmer, Asseln, Wachsmotten- und Fliegenlarven. Alle diese Tiere sind züchtbar und können regelmäßig von den Großzüchtereien oder über den Fachhandel bezogen oder auch selbst gezüchtet werden. Als Ersatz können gekochtes Rinderherz, in Streifen oder Würfel geschnitten, mage-

Mauerassel.

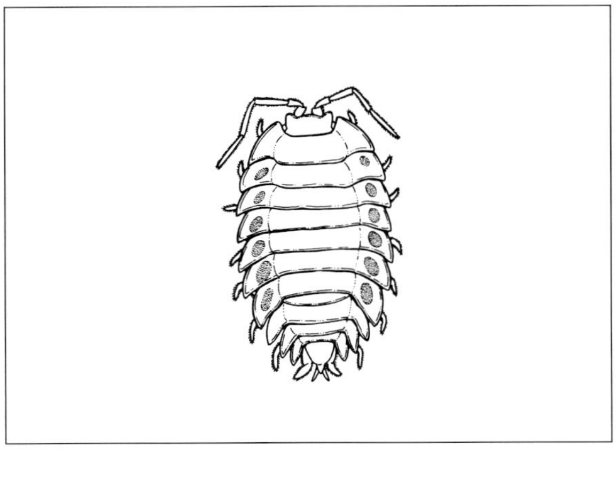

Kellerassel.

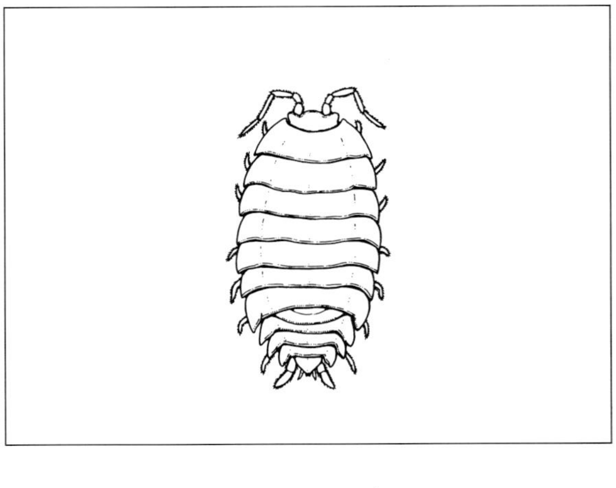

res Hackfleisch und zarte, magere, gekochte Fleischhappen gelten, die von manchen der größeren Weichfresser sehr gern gefressen werden.
Mineralstoffe und Spurenelemente: Dem Weichfutter ist täglich eine Prise Vitakalk oder Ospulvit beizufügen. Neben allen notwendigen Mineralien und Spurenelementen enthalten diese Präparate auch Vitamine in ausgewogener Zusammensetzung. Dadurch ist eine ausreichende Versorgung gewährleistet. Wenn dem Weichfutter alle paar Tage etwas humusreiche Erde beigemischt wird, fördert das die Verdauung. Vor allem Stare, die in der Natur ihre Nahrung auf dem Boden suchen, scheinen die Erde zu brauchen.
Trink- und Badewasser: Wie in Futterplan 1 angegeben. Falls Vitakalk- oder Ospulvitgaben zum Weichfutter von den Vögeln nicht angenommen werden, kann dem Trink- und Badewasser Avisanol oder ein ähnliches Flüssigpräparat zugesetzt werden.

Futterplan 4

für Brillenvögel, Sonnenvögel, Tangaren, Timalien und andere kleine Weichfresser
Hauptfutter: Ein Weichfutter für Zärtlinge, das aus feinsten Insekten besteht, wird von den meisten dieser Vögel als Hauptfutter angenommen. Es ist meistens mit Honig oder Fett angereichert und enthält auch Mineralstoffe und Spurenelemente, ist also „schnabelfertig“. Dennoch mögen die meisten Vögel kleine Zusätze wie hartgekochtes Eigelb, zerdrückte Banane oder geriebenen Apfel, so daß es eine feucht-krümelige Konsistenz bekommt.
Früchte, Obst und Beeren: Wie in den Futterplänen 2 und 3. Das Obst sollte jedoch nicht in kleine Stücke zerschnitten, sondern besser halbiert oder in Scheiben angeboten werden. Apfelsinen-, Mandarinen- und sehr saftige Birnenhälften werden auf einen Zweig oder Nagel gesteckt. Die Vögel saugen den Saft aus. Bananen- und Melonenscheiben können auf einen flachen Teller gelegt werden.
Tierische Nahrung: Ganz kleine oder gehäutete Mehlwürmer und Mehlkäferpuppen, Getreideschimmelkäfer-Larven, kleine Heimchen und Grillen, kleine, weiche Fliegenmaden, zum Beispiel Pinkys, sowie lebende Ameisenpuppen (die der Rasenameisen) sind hervorragende Nahrung und auch für die Aufzucht der Jungen bestens geeignet. Von manchen Arten werden auch Enchyträen, Mückenlarven und Wasser-

Heimchen.
Wanderheuschrecke.
Grille.

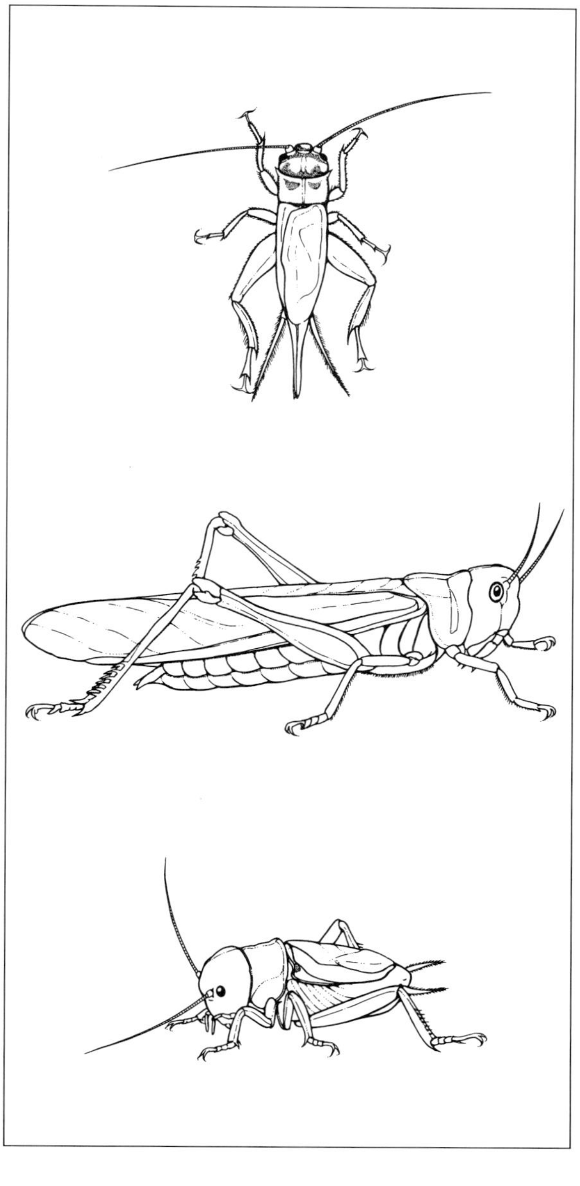

flöhe angenommen, wobei die beiden letzten in flachen Schälchen mit Wasser angeboten werden müssen, sollen sie nicht sofort sterben und vertrocknen. Blattläuse und „Wiesenplankton" das aus allerlei kleinen Insekten und Spinnen besteht, ist hervorragende Nahrung für fast alle kleinen Weichfresser. Damit die kleinen Tierchen nicht überall in der Wohnung herumschwirren und -krabbeln, sondern den Vögeln zugutekommen, sind Glas und Perlongaze für die Vitrinen und Volieren geeigneter als das normale Vogelgitter. Eine andere Möglichkeit ist, Wiesenplankton in einem Glas anzubieten, dessen Schraubdeckel ein höchstens pfenniggroßes Loch erhält. Hierdurch wird ein bleistiftdicker Zweig ins Glas gesteckt. Die gefangenen Tierchen klettern nach und nach aus dem Glas heraus, wo sie die Vögel oft schon erwarten. Als Ersatzfutter können gekochtes Rinderherz und milder Hartkäse, beide gerieben, angeboten werden.
Körnerfutter: Manche kleinen Weichfresser nehmen gelegentlich, andere sogar regelmäßig in geringer Menge Körnerfutter zu sich. Es können Hirse und Glanz sein, aber auch ölhaltige Samen wie Negersaat und die verschiedensten Wildsämereien (siehe Futterplan 2). Besonders viele Weichfresser mögen den Mohn, von dem man weiß, daß er verdauungsregulierende Wirkungen hat.
Mineralstoffe und Spurenelemente: Wie in Futterplan 3 und beim Hauptfutter dieses Futterplans angegeben.
Trink- und Badewasser: Wie in Futterplan 1 geraten. Da viele der kleinen Weichfresser gern Nektar aufnehmen, sollten auch Trinkröhrchen mit Honigwasser oder spezieller Kolibrinahrung aufgehängt werden, wie in Futterplan 5 erläutert.
Da manche kleinen Weichfresser nicht in einem Badehäuschen oder in einer Schale baden, sondern lieber durch feuchtes Laub schlüpfen, sollte ihnen in einer mit Pflanzen ausgestatteten Voliere die Möglichkeit dazu gegeben werden. Mit einer Blumensprühflasche erhalten die Vögel beim Absprühen der Blattpflanzen indirekt und auch direkt ihr lauwarmes Duschbad.

Futterplan 5

für Kolibris und Nektarvögel
Hauptfutter: Ein fertiges Futter in Pulverform steht heute von verschiedenen Herstellern zur Verfügung, etwa Bio-Nektar oder Nektar-Plus. In diesen Präparaten sind nicht nur Trauben- und Fruchtzucker in richtigem Verhältnis enthalten, sondern auch Eiweiß, Mineralstoffe und Vitamine. Sie werden mit handwarmem Wasser angerührt und in die gläsernen Trinkröhrchen gefüllt. Diese sollten aus braunem Glas sein, damit die Vitamine nicht so schnell oxidieren. Damit die Vögel die Futteröffnung finden, ist dieser Teil des Röhrchens rot gestrichen, werden rote Blüten von Kolibris wie Nektarvögeln doch am häufigsten besucht. Die aus Fertigpräparaten bestehenden Nährlösungen sind den ganzen Tag

So nimmt ein Kolibri seine Nährlösung auf, deren Röhrchen rund um den Nippel rot angestrichen sein sollte.

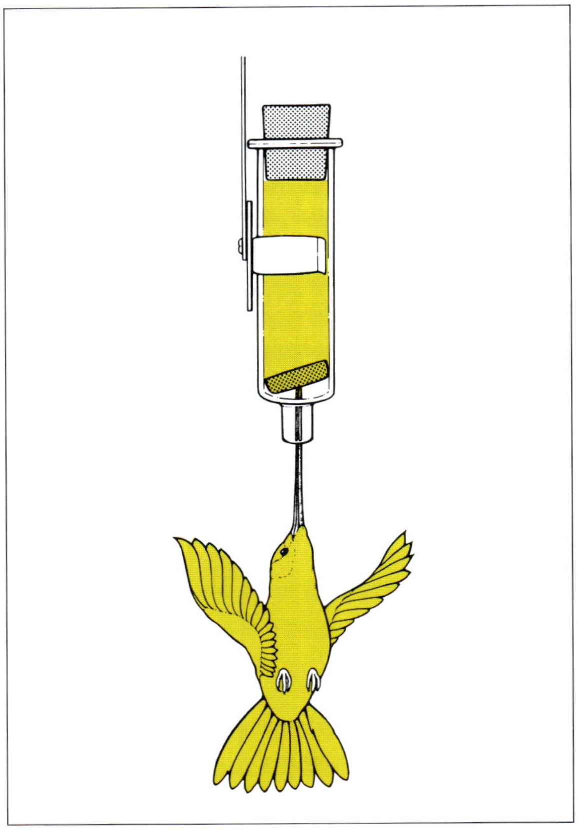

lang haltbar. Das kann nicht von selbst gemixten Lösungen und von Honigwasser gesagt werden, die oft schon nach wenigen Stunden zu säuern beginnen, vor allem an warmen Sommertagen. Während Nektarvögel den Futterstutzen des Trinkröhrchens von einem Zweig aus erreichen müssen, ist das für Kolibris nicht nötig. Sie trinken, während sie vor dem Röhrchen schwirrend in der Luft stehen, sollten die Nahrung aber auch sitzend erreichen können. Die meisten Kolibris und Nektarvögel sind aggressiv und beanspruchen eine Futterquelle für sich allein. Darum sind bei Gemeinschaftshaltung in einer größeren Voliere mehrere Trinkröhrchen aufzuhängen, und zwar möglichst weit voneinander entfernt und außer Sichtweite hinter Pflanzen versteckt.

Tierische Nahrung: Durch einen hohen Eiweißanteil in der flüssigen Nahrung benötigen Kolibris und Nektarvögel nicht so viele Futtertiere wie sie in der Natur aufnehmen würden. Dennoch ist es für die Gesunderhaltung der Vögel nötig, täglich Fruchtfliegen zu bieten. Diese mögen die Kolibris besonders gern, während die Nektarvögel Spinnen bevorzugen. Während der Aufzucht der Jungen werden täglich einige hundert Spinnen benötigt, die zu beschaffen, im Gegensatz zu den Fruchtfliegen, nicht einfach ist. Fruchtfliegen *(Drosophila)* können sehr leicht in jeder Jahreszeit gezüchtet werden, und zwar bei 22–24° C. Bei Temperaturen über 25° C legen die Weibchen keine Eier mehr. Die Fliegen und ihre Maden müssen nicht mehr mit gärendem Obst oder anderen Substanzen gefüttert werden, die unangenehmen Geruch mit sich bringen, sondern erhalten ein Zuchtkonzentrat, das einfach mit lauwarmem Wasser angesetzt wird. Je nach Fliegenart dauert es 15–30 Tage von einer bis zur nächsten Fliegengeneration. Da jedes Weibchen etwa 300 Eier legt, können schon mit einer kleinen Zucht recht viele Vögel mit Lebendfutter versorgt werden.

Trink- und Badewasser: Kolibris und Nektarvögel trinken reines, frisches Wasser gern aus der Badeschale, etwa einem Blumentopf-Untersetzer. Die Badeschale wird vor allem dann beachtet, wenn sie erhöht aufgestellt ist.

Die Pflege

Bei allen Unterschieden der in diesem Buch vorgestellten Vögel wird ihre Pflege sich im wesentlichen doch auf zwei Dinge, die Fütterung und die Sauberhaltung konzentrieren. Die Fütterung, wozu auch das Versorgen mit frischem Wasser gehört, muß täglich erfolgen. Bei der Sauberhaltung richtet sich das „wie oft" nach der Größe des Käfigs und nach Art und Anzahl der Pfleglinge. Da alle Vögel Gewohnheitstiere sind und sehr genau nach ihrer inneren Uhr leben, sollten wir es uns zur Pflicht machen, alle anfallenden Arbeiten ganz regelmäßig, am besten nach einem festen Plan durchzuführen. Wie ein solcher Plan aussehen könnte, soll hier gezeigt werden. Wir müssen feste Uhrzeiten und Tage einhalten. Das hilft uns auch, die Arbeiten nicht zu vergessen oder aufzuschieben. So werden die Vögel zutraulicher, als wenn wir irgendwann zu ihnen hereinplatzen. Wir werden bald merken, daß sie zu den regelmäßigen Fütterungszeiten schon regelrecht auf uns warten.

Tägliche Arbeiten

- Füttern (Grünes, Obst, Keimfutter, Ei- und Weichfutter sollten nach Möglichkeit morgens gereicht werden). Alle verderblichen Futterreste sind abends zu entfernen.
- Trink- und Badewasser frisch geben, Kolibrinahrung zubereiten und in ausgewaschenen Röhrchen aufhängen, bei heißem, schwülem Wetter ein zweites Mal am frühen Nachmittag.
- Futternäpfe und Futterautomaten, die trockenes Körner- oder Aufzuchtfutter, getrocknete Beeren, Grit oder Kalk enthalten, kontrollieren und bei Bedarf auffüllen.
- Zuchtpaare beobachten, Nester, Eier und Junge jedoch nur inspizieren, wenn dies erforderlich scheint.

Wöchentliche Arbeiten

- Käfige und Volieren reinigen, Sand oder anderen Bodenbelag erneuern. Futtergeschirr, Sitzstangen und Zweige abwaschen, letztere gegebenenfalls erneuern. Futterautomaten frisch füllen und gleichzeitig die Hülsenfang-Schubladen entleeren.

Monatliche Arbeiten

- Käfige, Volieren, Sitzgelegenheiten, Näpfe und sonstiges Zubehör wird gründlich gereinigt und desinfiziert.
- In Zimmervolieren befindliche Pflanzen werden abgewaschen, wenn nötig zur Erholung herausgenommen und gegen andere ausgetauscht.
- In Gartenvolieren werden Sand, Grassoden, Äste und Zweige erneuert, nicht mehr benutzte, verschmutzte Nester entfernt.
- Krallen schneiden, falls dies erforderlich ist.

Vierteljährliche Arbeiten

- In Gartenvolieren ist das Drahtgeflecht auf schadhafte Stellen hin zu überprüfen. Löcher können bei rostigem Draht durch herabfallende Äste entstehen.

Halbjährliche Arbeiten

- In Gartenvolieren sind Sand und Erde spatentief zu entfernen. Dann ist der Boden abzuflämmen, damit Wurmeier und andere Krankheitserreger abgetötet werden. Anschließend werden frische Erde und frischer Sand eingebracht.
- Drahtgeflecht, Holz- und Metallteile der Gartenvoliere werden frisch gestrichen, wo erforderlich ausgebessert oder erneuert.

Sitzstangen

Viele Pflegearbeiten können durch gutes Zubehör sehr erleichtert werden. So bieten verschiedene Hersteller Sitzstangenhalter, meistens aus Aluminium. Sie haben für unterschiedlich dicke Zweige verschiedene Bohrungen. Der Zweig wird hineingesteckt und durch eine seitlich angebrachte Schraube im Halter fixiert. Durch diese Halter können in Kistenkäfigen und in Volieren Sitzstangen, vor allem aber verzweigte Äste problemlos angebracht werden. Die Auswechslung ist durch kurzes Lockern und Wiederanziehen der Feststellschraube in Sekundenschnelle erledigt.

Raufen und Halter

Raufen und Halter für Nistmaterial, Grünfutter, Obst, Kolbenhirse, Kalksteine und Sepiaschalen gibt es aus Metall oder Kunststoff. Sie lassen sich einfach am Gitter oder Drahtgeflecht befestigen. Dadurch wird ihr Inhalt nicht so leicht beschmutzt, als wenn er auf dem Boden liegen würde. Auch gehen Vögel nicht so gern nach unten, um sich das Angebotene hochzuholen.

Tränken

Da manche Vögel nicht gern ein Badehäuschen benutzen, auch nicht eine Badeschale, die auf dem Boden der Voliere steht, ja nicht einmal Trinkautomaten oder Trinknäpfe, hat JOKO ein Metallstativ entwickelt, das 58 cm hoch ist und Badeschalen von 15 cm bzw. 24 cm Durchmesser aufnimmt. Vögel, wie Kolibris, Nektarvögel und manch kleine und größere Weichfresser, die in der Natur im feuchten Laub oder in Blatt-Trichtern voller Wasser baden, nehmen diese erhöhten und freistehenden Bade- und Trinkgelegenheiten begeistert an. Die erhöhte Aufstellung hat zudem den enormen Vorteil, daß sich

Praktische Halter, mit denen Obst und Grünfutter am Gitter befestigt werden können.

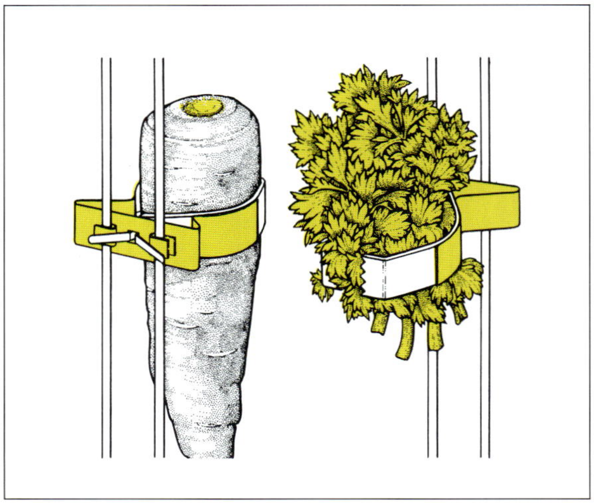

kein Schimmel bilden kann, wie das bei solchen Schalen, die direkt auf dem Boden stehen, häufig der Fall ist.

Der Vogelfang

Es läßt sich nicht vermeiden, daß wir manchmal einen Vogel fangen müssen, sei es wegen zu langer Krallen, die gekürzt werden müssen, oder weil er in einen anderen Käfig, eine andere Voliere umgesetzt werden soll. Für diesen Zweck gibt es Kescher in verschiedenen Größen, je nach Größe der Vögel, die gefangen werden sollen, und mit unterschiedlich langen Stielen. Das Fangen ist für den Pfleger wie für den Vogel stets eine aufregende Prozedur. Es sind dabei leider auch Unfälle möglich, wobei Vögel mit dem Bügel getroffen und dadurch verletzt oder gar totgeschlagen werden können. Manche Hersteller von Keschern haben aus diesem Grund den Stahlbügel so am Stiel befestigt, daß er federnd nachgibt, den Schlag dadurch mindert. Um Verletzungen noch wirkungsvoller zu vermeiden, nähen manche Liebhaber schmale Schaumstoffstreifen um den Kescherbügel.

Wer gar nicht geschickt mit einem Kescher umzugehen versteht, hat eine andere Möglichkeit, seine Vögel zu fangen. Diese bietet sich auch dort an, wo in einer großen Voliere dichtes Gebüsch vorherrscht, oder wo Mitbewohner bei der Brut oder Jungenaufzucht sind und durch den Fangprozeß sehr beunruhigt würden. Es handelt sich

In dicht bepflanzten Gartenvolieren, und wenn Mitbewohner darin brüten, ist es oft unmöglich, einen Vogel mit dem Kescher herauszufangen. Dann bewährt sich solch ein Fangkäfig.

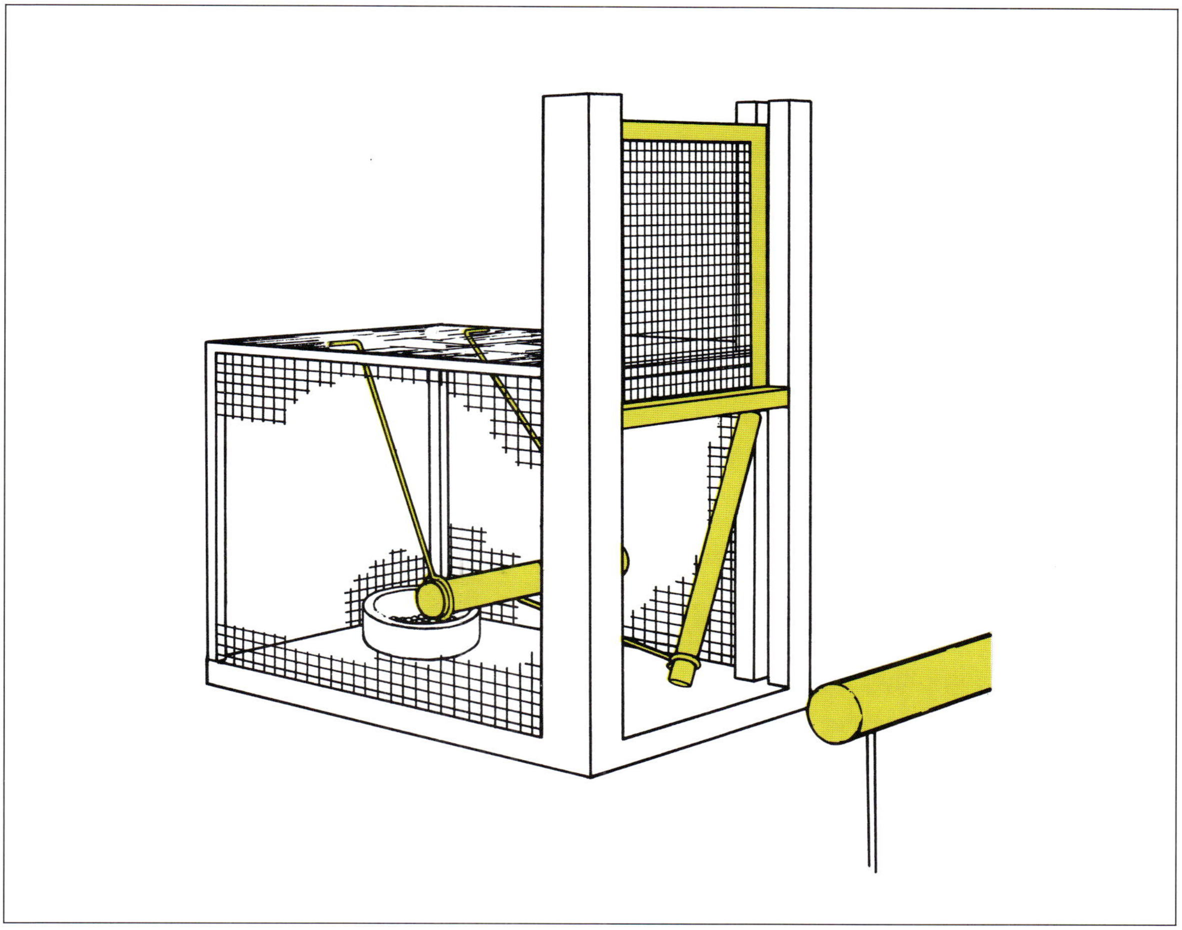

Ein schmaler Schaumstoffstreifen rund um den Stahlbügel des Keschers genäht oder geklebt, hilft Verletzungen beim Fang der Vögel zu vermeiden.

dabei um einen Fangkäfig. In diesen wird ein Napf mit Futter gestellt. Seine Falltür kann automatisch schließen, sobald ein Vogel hineinspringt oder -läuft. Sie kann aber auch mit Hilfe eines dünnen Fadens aus einiger Entfernung durch den Pfleger betätigt werden, sobald der richtige Vogel darin ist. Damit dieser überhaupt hineingeht, wird es zumeist nötig sein, ihm im Fangkäfig schon eine Zeit lang Futter anzubieten, bevor er gefangen werden soll. Die Falltür kann man befestigen, so daß in den Stunden oder Tagen zuvor für den Vogel ein Ein und Aus jederzeit möglich ist.

Wohin mit den Vögeln im Urlaub?

Besitzen wir nur einen oder wenige Vögel, die in einem Käfig oder in einer transportablen Voliere untergebracht sind, dann können wir sie meistens bei Bekannten oder Verwandten unterbringen. Gut ist, wenn sie selbst Vogelliebhaber sind und sich etwas in der Vogelpflege auskennen. Obendrein sollten wir unsere Vertretung rechtzeitig vor dem Urlaub mit den Vögeln vertraut machen und ihnen die notwendigen Pflege- und Fütterungshinweise geben. Vor allem, wenn unsere Vögel eine etwas aufwendigere Ernährung benötigen, ist die Einweisung in die dafür erforderlichen Arbeiten sehr wichtig. Haben wir niemand im Verwandten- oder Bekanntenkreis, der die Vogelbetreuung während des Urlaubs übernehmen kann, dann würde das sicher auch der Zoofachhändler unseres Vertrauens tun. Eine gute Lösung dieses Problems wird unter Mitgliedern vieler Vogelliebhabervereine praktiziert, nämlich die Betreuung der Vögel auf Gegenseitigkeit. Dabei weiß man seine Pfleglinge in den besten Händen, so wie wir die unseres Vereinskollegen gut versorgen werden, ist er verreist.

Pflegen wir einen größeren Vogelbestand in fest eingebauten Zimmer- oder gar in Gartenvolieren, dann werden wir einen Vogelfreund als Urlaubsvertretung brauchen, der täglich in unsere Wohnung oder auf unser Anwesen kommt, um die Vögel zu betreuen. Hierbei ist es ebenfalls von Vorteil, einen Vereinskollegen in der Nähe zu wissen, der diese Aufgaben gewissenhaft und sachverständig erledigen kann.

Manch ein Vogelliebhaber hat all diese Möglichkeiten einer Vertretung nicht, vor allem nicht, wenn er mehrere hundert Vögel in einer großen Zuchtanlage zu versorgen hat. Dann bleiben zwei Möglichkeiten: Entweder die Familienmitglieder beziehungsweise Mann und Frau machen zu verschiedenen Zeiten Urlaub oder es wird ganz auf eine Urlaubsreise verzichtet. Sich mehrere Wochen lang ganz den eigenen Vögeln widmen zu können, ist für manche Vogelfreunde ohnehin der schönste Urlaub.

Lebenserwartung der Vögel und Höchstalter

Die in diesem Buch behandelten Vogelarten sind klein bis mittelgroß. In der freien Natur haben die meisten von ihnen eine Lebenserwartung von ein bis drei Jahren. Das liegt vor allem an den vielen Gefahren, denen sie ausgesetzt sind. Sie gehören zu den Beutetieren vieler Säuger und

Greifvögel. Echsen und Schlangen stellen ihnen nach und erbeuten sie häufig zusammen mit den Gelegen oder Jungen im Nest. Nicht zu unterschätzen sind auch Parasiten wie Bakterien, Viren, Kokzidien, Pilze und Würmer, ferner Milben, Flöhe, Zecken und Federlinge. Die Vögel haben es nicht leicht, sich dieser Schmarotzer zu erwehren. Vor allem brütende Weibchen haben unter ihnen zu leiden. Heftige Unwetter, die in den Tropen und Subtropen viel schwerer als bei uns sein können, vernichten oft ganze Vogelpopulationen. Verheerend wirken sich auch Dürrezeiten aus. Nahrungsmangel läßt viele der Vögel verhungern, noch mehr verdursten, wenn die letzten Wasserstellen austrocknen. Der Überlebenskampf ist für die Vögel in der Natur hart.
Die meisten der genannten Gefahren können wir von unseren in Käfigen und Volieren gehaltenen Vögeln fernhalten, bei stets gleichbleibender hervorragender Pflege so gut wie alle. Dann haben die Vögel bei uns ja alles, außer ihre Freiheit. Hier setzt meistens die Kritik der Gegner der Vogelhaltung an. Doch wie viele Untersuchungen gezeigt haben, sind die Vögel draußen in der Natur gar nicht so „vogelfrei“ wie wir das fast immer sehen. Ihr Fliegen beschränkt sich meistens auf die Nahrungssuche, die Revierverteidigung, dem Entkommen von Feinden und Nahrungsmangel. Nur ein sehr kleiner Anteil des Fliegens geschieht aus reiner Freude am Fliegen oder einem Bewegungsdrang. Das tun sie auch in unseren Vogelbehausungen, die wir wegen des Flugvermögens unserer Pfleglinge so groß wie möglich anlegen. Wie lang das Leben der kleinen Vögel sein kann, erleben wir mit Staunen immer wieder aufs neue.

Fast alle kleinen Körner- und Weichfresser bringen es auf sechs bis zehn Jahre. Sie sind bis zu dieser Altersgrenze fast immer fruchtbar und damit gute Zuchttiere. Manche werden noch wesentlich älter. So sind Zebrafinken und Binsenamadinen 13, Schmetterlingsfinken 15 und Mosambikgirlitze öfter 12 bis 18 Jahre alt geworden. Letztere scheinen besonders langlebig zu sein, denn es sind schon mehrmals über 20jährige und ein 24jähriger Vogel gemeldet worden. Auch Gangesbrillenvögel haben es auf dieses Alter gebracht, Schamadrosseln auf 12 bis 15 Jahre, als Höchstalter auf 26 Jahre. Von Beos ist oft ein Alter zwischen 15 und 20 Jahren gemeldet worden, bei dem sich die Vögel noch bester Gesundheit erfreuen.
Diese Aufzählung kann beliebig fortgesetzt werden. Sie zeigt, daß die Vögel eine wesentlich höhere Lebenserwartung haben, kommen sie nicht durch Krankheit oder Feinde frühzeitig zu Tode, was in der Natur die Regel ist.
Alte Vögel in unserer Pflege zeigen sich meistens noch erstaunlich frisch und lebhaft. Manchmal werden die Augen trübe, eine Hornhautveränderung ähnlich wie der Graue Star beim Menschen. Sie sehen dann meistens noch genug, um ihre Futter- und Trinknäpfe zu finden und auf die Sitzgelegenheiten zu gelangen.
Geht es mit alten Vögeln dem Ende entgegen, dann sitzen sie meistens einen oder auch mehrere Tage lang auf dem Boden ihres Käfigs ganz still und erwarten ihren Tod. Die Vögel zeigen fast nie Schmerzen oder einen Todeskampf mit Krämpfen oder Lähmungen. Ist das der Fall, sollten wir mit ihnen zum Tierarzt gehen und sie einschläfern lassen.

Die Zucht

Voraussetzungen für das Gelingen der Zucht

Die wichtigste Voraussetzung für das Gelingen der Zucht ist die artgemäße Unterbringung der Pfleglinge. Der Käfig oder die Voliere muß für die jeweilige Vogelart groß genug sein und eine Einrichtung erhalten, in der sich die Vögel wohl fühlen. Über die Unterbringungsbedürfnisse kann bei den Kurzbeschreibungen der einzelnen Arten in diesem Buch sowie in weiterführender Literatur (siehe Literaturverzeichnis) nachgelesen werden. Vieles hierzu lernen wir jedoch auch durch eigenes Beobachten der Vögel.

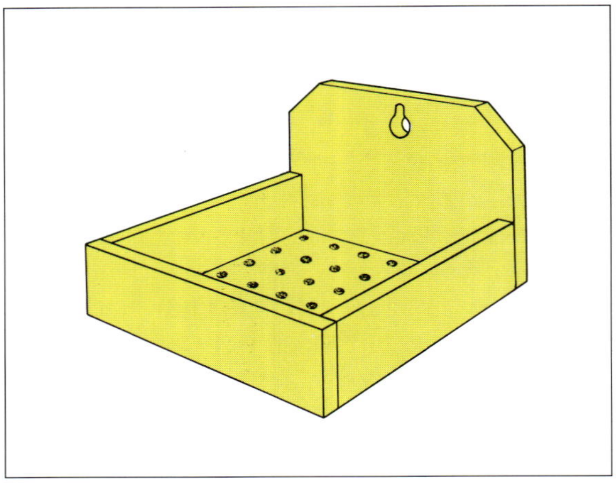

Dieses flache Nistkästchen ist besonders für Täubchen gut geeignet.

Einzelhaltung des Zuchtpaares?

Bei der Wahl der richtigen Behausung für unsere zukünftigen Zuchtvögel müssen wir auch berücksichtigen, ob sie zusammen mit anderen Arten untergebracht werden können, oder ob sie dann aggressiv werden oder zum anderen Extrem neigen und sich von anderen Vögeln stören oder einschüchtern lassen. Wo die Geselligkeit eines Zuchtpaares während der Brutperiode nicht eindeutig ist, sollte es in dieser Zeit lieber für sich alleine untergebracht werden. Selbst wenn es dann mit weniger Platz auskommen müßte, ist das ein nicht so schwerwiegender Nachteil wie ständige Störungen durch andere Vögel.

Der Nistplatz

Ein ganz besonderer Augenmerk sollte der Ausstattung des Käfigs bzw. der Voliere gewidmet werden. Schon die richtigen Zweige und der geeignete Bodenbelag können dazu beitragen, daß die Vögel sich in ihrer Zuchtanlage wohl fühlen. Längst nicht alle wollen nur Sand auf dem Boden, sondern brauchen Walderde oder Grassoden, zumindest in einem Teil ihres Käfigs oder der Voliere. Verschiedene Nistkästen bzw. Nestunterlagen sind anzubringen, und zwar in unterschiedlichsten Plätzen und Höhen. Die einen wollen ein dichtes Gestrüpp, sogar Dornengezweig, in dem sie ihr Nest bauen, die anderen lieber immergrüne Pflanzen oder ein kleines Schilfdickicht. Schilfhalme können dicht an dicht durch einen doppelten Drahtgeflechtrahmen gesteckt werden. Sie bleiben dann aufrecht stehen, und zwar eng genug, daß die Vögel ihr Nest dazwischen hängen können.

In Gartenvolieren lassen sich manche Büsche im Herbst so zurechtschneiden, daß sie für die Nest-

Ein kleiner Nistkasten mit rundem Einschlupf für Prachtfinken.

anlage geeignete Zweigquirle bilden. Sonst bringen wir flache Drahtgeflechtkörbchen als Nestunterlagen in den Büschen an. Entlang der Käfig- und Volierenwände können Sabelsche Nistklötze angehängt werden. Fast alle Vögel nehmen sie als Nestunterlage an, vor allem wenn sie mit dem ihnen zusagenden Gezweig besteckt sind.
Es gibt viele Möglichkeiten, unseren Vögeln Nistplätze zu schaffen, und wenn wir nur dünnes, biegsames Gezweig (etwa von Birke, Ginster, Heidekraut) zu einer Tasche zusammenbinden und in der Voliere aufhängen.

Schutz und Ruhe

Manche Vögel, und nicht nur Wildfänge, werden uns gegenüber scheu, wenn sie in Brutstimmung

Links unten: Werden Zweige oder Schilfhalme durch die beiden Gitter gesteckt, bilden sie ein Dickicht oder Röhricht, in das die Vögel gern ihr Nest bauen.
Rechts oben: Drei verschiedene Nestunterlagen für Kanarien und viele andere Vögel. a) aus Drahtgeflecht, b) aus Kunststoff, c) aus Peddigrohr geflochten.
Rechts unten: Auf einem Sabelschen Nistklotz, der rundherum mit grünen Zweigen besteckt werden kann, bauen vor allem Gimpelartige, Zeisige und Girlitze ihr Nest. Auch manche Weichfresser wissen diese Unterlage zu schätzen.

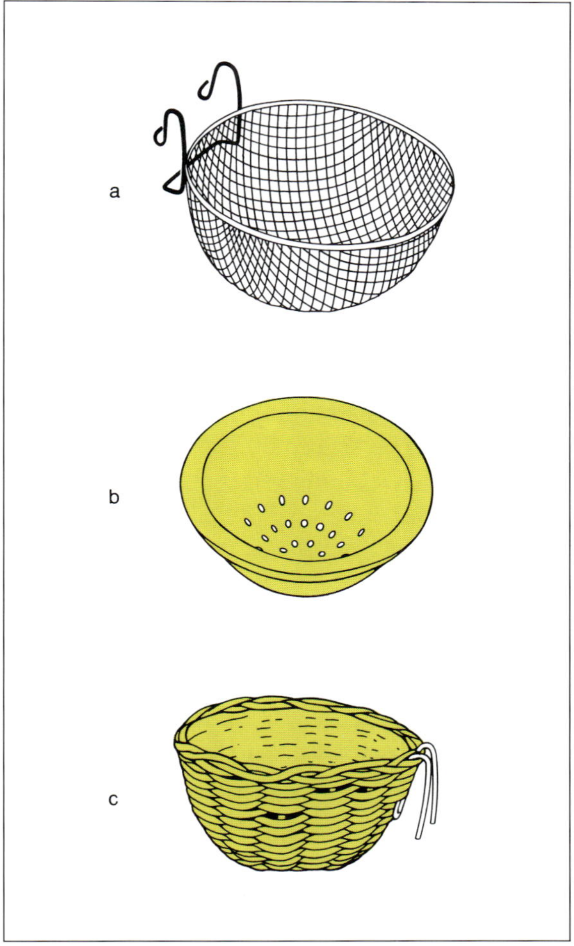

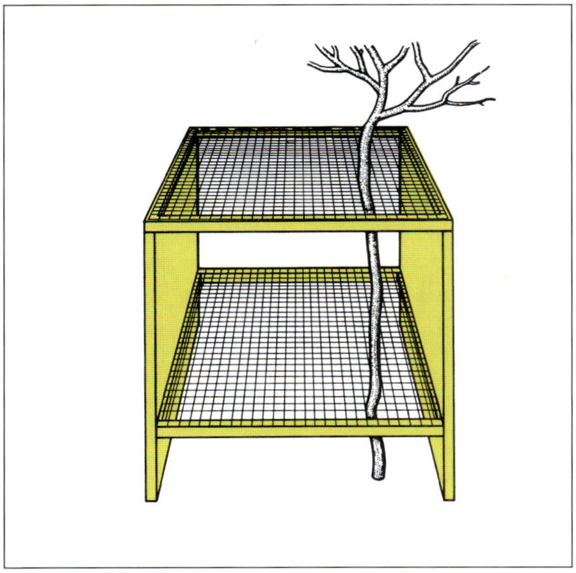

kommen. Wir sollten uns nur vor ihrer Behausung sehen lassen, wenn dies absolut notwendig ist. Bei solchen Vögeln hat sich bewährt, nicht nadelnde Douglastannenzweige von außen oder innen am Gitter zu befestigen. Auch künstliche Rankpflanzen sind hierfür geeignet. Die Vögel fühlen sich dann wie durch ein Dickicht geschützt und verhalten sich viel ruhiger.

Anpaarung, Balz und Paarung

Bei vielen der in diesem Buch beschriebenen Vogelarten sehen sich Männchen und Weibchen völlig gleich. Wir können sie meistens am Verhalten und am Gesang des Männchens unterscheiden. Oft ist auch dies nicht möglich, weil beide Partner singen und wir ihre Verhaltensweisen noch nicht zu deuten wissen. So kommt es nicht selten vor, daß wir statt einen Zuchtpaares zwei Männchen oder zwei Weibchen besitzen.

Freie Partnerwahl

Wenn es möglich ist, sollten wir also nicht nur ein vermeintliches Pärchen erwerben, sondern wenigstens vier bis sechs Vögel. Das gilt auch für solche Arten, bei denen Männchen und Weibchen verschieden aussehen. Es ist nämlich nicht gesagt, wenn wir ein Männchen und ein Weibchen besitzen, daß diese beiden Vögel sich auch mögen und ein harmonierendes Zuchtpaar abgeben. Es ist immer besser, wenn sich ein Paar aus einem kleinen Schwarm heraus selbst findet, anstatt mit dem einzigen vorhandenen Partner zwangsverpaart zu werden. Die Aussichten auf erfolgreiche Bruten sind um ein Vielfaches größer.

Die ersten Annäherungsversuche

Stimmt die Einrichtung des Käfigs bzw. der Voliere und sind Nistgelegenheiten vorhanden, dann läßt das Vogelpaar bald seine Brutbereitschaft erkennen. Der Gesang des Männchens nimmt an Häufigkeit und Intensität zu. Er stimuliert das Weibchen, das anfängt, nach Nistmaterial zu suchen und herumzutragen. Bei manchen Vögeln ist es aber auch das Männchen, das mit Nistmaterial im Schnabel herumfliegt und nach einem geeigneten Nestplatz sucht. Er zeigt diesen dem Weibchen, und wenn dieses ihn als geeignet ansieht, wird hier das Nest angelegt.

Die Balz

Die Vögel dieses Buches sind zu verschieden, als daß die Balz aller auch nur annähernd in eine Beschreibung passen würde. Bei manchen findet die Balz auf dem Boden statt, bei der das Männchen sein Weibchen umtanzt. Viele balzen auf einem Zweig, wobei Tanzen, Hüpfen und Verbeugen die wichtigsten Zeremonien sind. Viele Männchen jagen ihr Weibchen, oft sehr stürmisch, was oft in einer für uns brutal aussehenden „Vergewaltigung“ gipfelt. Manche Weibchen, sind sie noch nicht bereit, tauschen häufig die Rollen und jagen ihrerseits das Männchen. Bei einigen Arten kann das Männchen sein Weibchen so sehr jagen, daß dieses vor Erschöpfung sterben kann, findet es kein Dickicht oder anderes Versteck zum Ausruhen. Besonders in kleineren Unterkünften muß für solche Unterschlüpfe gesorgt werden, da die Tiere sich hier nicht ausweichen können.

Bei Paaren anderer Arten herrscht ständig vollste Harmonie. Sie unternehmen alles zusammen, sitzen eng aneinandergekuschelt und kraulen sich gegenseitig im Gefieder.

Viele Männchen füttern während der Anpaarungsphase ihr Weibchen. Damit gibt es ein Zeichen, daß es auch ein guter Ehemann und Vater sein will. Nimmt das Weibchen das Futter an, so ist damit die „Verlobung“ geschlossen. Das Weibchen kann auch von sich aus das Männchen anbetteln. Es läßt dabei häufig die Bettellaute der späteren Jungen hören, womit es seinen „Verlobten“ auf die Vaterpflichten einstimmen will.

Die Balz vieler Vogelmännchen verläuft mit viel Geprahle und Aufhebens. Mit ihren herrlich leuchtenden oder schillernden Farben, ihren zu reinen Schmuckfedern ausgewachsenen Hauben, Kragen oder Schwänzen wollen sie ihren Weibchen imponieren. Das Werben um die Gunst eines Weibchens läßt die Männchen

Schauflüge veranstalten, den Schwanz fächern, hochstellen oder wippen, mit den Flügeln schlagen, sie spreizen oder herabhängen lassen, Hauben aufstellen sowie Brust-, Bauch- oder Nackenfedern sträuben. Dabei wird häufig gesungen oder gelockt. Oft trägt das Männchen auch ein Brautgeschenk im Schnabel.

Die Paarung

Von so viel männlichem Charme und Umworbensein angetan, kann das Weibchen gar nicht anders als sich paarungsbereit zu zeigen. Bei vielen Arten duckt es sich auf den Boden oder den Zweig. Einige vibrieren dabei mit den Flügeln oder flirren mit dem Schwanz. Viele lassen auch piepsende oder wimmernde Laute vernehmen. Während die meisten Arten nun mit der Kopula Hochzeit feiern, findet diese bei den anderen nicht nach der Balz, sondern irgendwann ohne vorherige Ankündigung statt. Bei einigen kommt es nur im Nest zur Paarung.

Nistmaterial und Nestbau

Nistgelegenheiten haben wir schon in den Käfig oder die Voliere gegeben, als wir sie für die Zucht einrichteten. Macht nun das Paar Brutanstalten, dann geben wir ihm Nistmaterial hinein. Es kann auf den Boden gelegt werden, wird dann von den Vögeln häufig über die ganze Behausung verteilt und verschmutzt. Besser wird es in die dafür käuflichen Raufen gelegt. Für viele Vögel sollte das Nistmaterial in der Raufe sogar locker festgebunden werden. Sie mögen gern ein wenig Arbeit haben, es irgendwo abzureißen oder herauszuziehen, entspricht doch weitgehend ihrer natürlichen Nistmaterialsuche.

Nistmaterial aus dem Zoofachhandel

An Nistmaterial sollten wir so viel verschiedenes anbieten, wie nur möglich, außer wir wissen schon, was das Paar bei früheren Bruten bevorzugte. Eines der beliebtesten Nistmaterialien ist die Kokosfaser, und zwar die lange, glatte, wie sie

Ein Kugelnest mit ganz engem Einschlupf wird nicht nur von vielen Prachtfinken zwischen Gräser und Gezweig gebaut, sondern auch vom Kleinen Kubafink.

gebündelt im Zoofachhandel angeboten wird. Die hellen Sisalfasern werden auch gern verarbeitet, doch sollten diese auf ca. 5 cm lange Stücke geschnitten werden. Längere können für die Vögel gefährlich werden, da sie sich um die Beine schlingen können. Ein zerstörtes Nest oder ein abgestorbener Fuß können die Folge sein. Scharpie, die weißen, weichen Baumwollfäden

Vor allem die Nonnenarten unter den Prachtfinken weben ihr Nest geschickt ins Schilfdickicht.

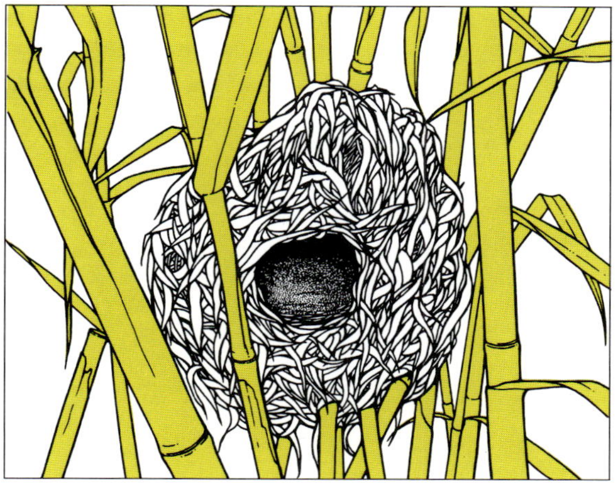

Tiefes Napfnest, wie es von vielen Weichfressern, aber auch von Körnerfressern wie Zeisigen, Girlitzen, Gimpelartigen, Kardinälen und vielen anderen als Kinderstube errichtet wird.

von etwa 6 cm Länge, die als Kanarien-Nistmaterial bekannt sind, werden von vielen der hier beschriebenen Exoten gern zum Auspolstern ihres Nestes verwendet.

Nistmaterial aus der Natur

Sonst sind Gräser wichtige Baumaterialien aus der Natur. Je nach Vogelart werden lange, kurze, breite, schmale, harte oder weiche Halme und Grasblätter verarbeitet. Auch Krautstengel sowie frische oder trockene Blätter finden Beachtung. Zum Auspolstern sind Wurzelfasern verschiedener Kräuter und Gräser sehr beliebt, aber auch Moose und Flechten, Pflanzenwolle, Tierhaare und Federchen. Je nach Art kann sehr unterschiedliches Bau- und Polstermaterial gewählt werden, manchmal aber auch von zwei Paaren der gleichen Art.

Manche der größeren Vögel nehmen für den Roh- und Unterbau ihrer Nester gern 10–15 cm lange, dünne Zweigstücke von Birke, Ginster, Heidekraut oder Nadelbäumen. Sogar Kiefernnadeln werden verarbeitet.

Bodenbrüter

Für die Bodenbrüter sind Soden dichter, hoher Gräser auszustechen und so in der Voliere anzuordnen, daß dazwischen Platz für die Nestmulde ist. Hängen die langen Gräser über das Nest, fühlen sich die brütenden Weibchen besonders sicher. Auch unter tiefhängenden Zweigen gepflanzter Nadelbäume brüten sie aus diesem Grunde gern.

Der Nestbau

Einige Vögel beginnen nur spielerisch mit dem Nestbau, können sich anfangs oft auch nicht entscheiden, wo sie das endgültige Brutnest hinbauen wollen und fangen an verschiedenen Plätzen zu bauen an. Es dauert bei diesen zwei Wochen und mehr, bis das Nest fertig ist. Bei anderen geht es sehr schnell und die „Wiege" ist innerhalb von zwei bis drei Tagen errichtet.

Manche Vögel bauen recht unordentliche Nester, die fast nur Anhäufungen von Nistmaterial zu sein scheinen. Die hier vorgestellten Täubchen legen nur so wenige Zweige und Halme zusammen, daß ihre beiden Eier durch den Nestboden durchschimmern. Es ist gut, wenn sie ein flaches Nistkästchen oder eine Nestunterlage aus engem Drahtgeflecht bekommen.

Die Nester der meisten hier vorgestellten Vögel sind solide und kompakt gebaut, manche sogar wahre Kunstwerke. Schaffen die einen tiefe, dickwandige Näpfe, so weben die anderen luftige

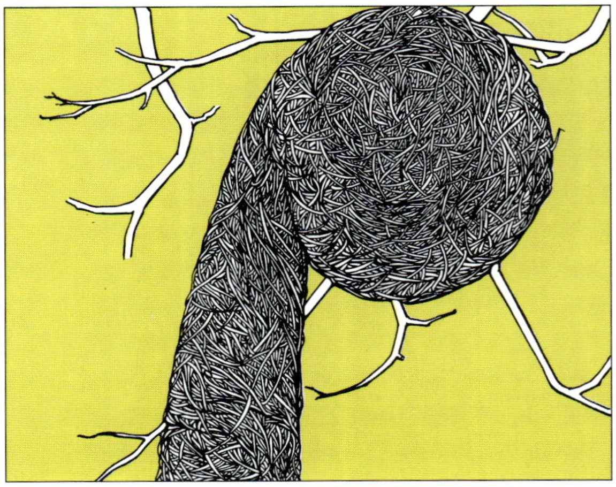

Typisches Webervogelnest mit langer Einschlupfröhre.

Wiegen an die Enden herabhängender Zweige. Wir können die Baukunst vieler Vögel nur bewundern. Auch ihr Fleiß ist erstaunlich, denn innerhalb weniger Tage werden, je nach Vogelart, zwischen 800 und 2500 Einzelteile herangeschleppt und verbaut.

Für den Nestbau selbst ist bei einigen Vogelgruppen nur das Männchen zuständig. Das Weibchen begutachtet es dann. Findet es das Bauwerk gelungen, dann trägt es höchstens noch etwas Polstermaterial hinein, um es als Brutnest anzunehmen. Bei anderen Gruppen ist es umgekehrt. Hier schleppt das Weibchen das Nistmaterial heran und verbaut es auch. Das Männchen trägt auch ein paar Halme oder es ist nur der ständige Begleiter, in wenigen Fällen nimmt er überhaupt keinen Anteil am Nestbau. Eine häufige Variante ist die, daß vom Männchen das meiste Nistmaterial herangetragen wird und das Weibchen es im Nest in Empfang nimmt und verbaut. Getragen wird es im Schnabel, von den einen gebündelt, von den anderen Halm für Halm einzeln.

Nicht nur Schnabel und Füße sind an der Errichtung des Nestes beteiligt, sondern der ganze Körper. Das Weibchen setzt sich von Anfang an häufig in die Mitte und zieht loses Material von allen Seiten heran, um allmählich den Rand zu formen. Es bildet die Mulde, indem es sich nach allen Seiten darin dreht, mit der Brust gegen den Nestrand drückt und mit den Füßen das Polstermaterial festtrampelt. Auf diese Art erhält die Nestmulde die richtige Größe und Tiefe.

Erhält das Nest eine Kuppel und vielleicht noch eine Einschlupfröhre, so wird dies vom Nestinnern aus begonnen. Überdachte und beutelförmige Nester gehören meistens Vogelarten, die weiße Eier legen. Das Dach schützt die Eier vor Nesträubern von oben. Die Einschlupfröhre soll ebenfalls zur Abwehr bzw. zum Verleiten von Feinden dienen.

Kolibris, Nektarvögel und manche der kleinen Weichfresser verwenden in der Natur Spinnweben zum Zusammenhalt des übrigen Nistmaterials. Diese können wir ihnen leider nicht bieten. Als Ersatz können wir ihnen Watte reichen, am besten Filterwatte für Aquarien. Damit verstehen viele dieser kleinen Baukünstler fast ebenso gut umzugehen wie mit den klebrigen Spinnweben. Den Nestern kann auch zusätzlicher Halt gegeben werden, indem wir sie mit flüssigem Pflaster besprühen.H. FOLGER (siehe Literaturverzeichnis) hat Verbandsspray mit Erfolg beim Nestbau seiner Kolibris angewandt.

Ein solch flaches, locker zusammengefügtes Reisignest wird von vielen Täubchenarten gebaut.

Eiablage und Brut

Etwa drei bis sieben Tage nach der ersten Kopulation und null bis 14 Tage nach Fertigstellung des Nestes wird das erste Ei gelegt. Manchmal ist das Nest noch gar nicht fertig, wenn die ersten Eier darin liegen. Die meisten Arten legen im Abstand von jeweils 24 Stunden die weiteren Eier. Bei einigen der größeren hier vorgestellten Arten brauchen die Weibchen 48 Stunden bis das nächste Ei reif zum Legen ist. Die Gelegegröße kann bei so unterschiedlichen Vögeln zwischen zwei und zwölf Eiern betragen.

Die Brut

Je größer die Eizahl ist, desto später fängt die Art im allgemeinen zu brüten an. Die Jungen sollen doch alle möglichst am gleichen Tag schlüpfen, sich gleichmäßig entwickeln und dann auch zugleich ausfliegen. So wird dann auch in der Regel vom vorletzten oder letzten Ei an intensiv gebrütet. Doch oft sitzt das Weibchen, oder das Pärchen abwechselnd, schon vom ersten Ei an im Nest, doch selten so fest, daß die Eier die erforderliche Wärme von 38–39° C bekommen. Dafür ist es notwendig, daß die Bauch- und Brustfedern zu den Seiten gelegt werden und die nackte Haut mit den Eiern in engen Kontakt kommt. In der Eierlegphase entwickelt sich hier bei den Weibchen der Brutfleck. Das Unterhautgewebe schwillt durch stärkere Durchblutung etwas an, was eine Temperaturerhöhung in diesem Bereich auf fast 40° C bewirkt. Diese Temperatur wird erst während der Legezeit langsam aufgebaut.

Die meisten Männchen bilden keinen Brutfleck aus, beteiligen sich dann in der Regel auch nicht am Brutgeschäft. Bei manchen Arten ist er auch beim Männchen vorhanden, wenn auch nicht so ausgeprägt wie beim Weibchen. Wahrscheinlich reicht seine Wärme für gelegentliches oder auch regelmäßiges Ablösen des Weibchens am Tage aus, doch brütet das Weibchen immer nachts, wenn die Außentemperatur niedriger liegt.

Die Eier, die unter der Mitte des brütenden Vogels liegen, bekommen mehr Wärme ab als die außenliegenden. Darum werden sie mehrmals am Tage während des Wendens auch in ihrer Lage verschoben. Die Veränderung der Lage und das Wenden sorgen auch dafür, daß der Embryo nicht an den Eihäuten festklebt und daß der notwendige Gasaustausch stattfindet. Das Gelege ist nicht nur zu wärmen, sondern bei großer Hitze auch zu kühlen. Durch Hecheln bei geöffnetem Schnabel kühlt der brütende Vogel seinen Körper und auch den Brutfleck so sehr ab, daß er die Eier vor Überhitzen schützt. Auch für genügend Luftfeuchtigkeit sorgt er. Wenn diese in der Natur nicht ausreichen sollte, setzt er sich nach einem Bad mit nasser Bauchhaut oder sogar mit feuchtem Gefieder auf die Eier.

Brutdauer

Die meisten der in diesem Buch vorgestellten Vögel gehören zu den Singvögeln und haben eine Brutdauer von 13 bis 15 Tagen. Bei einigen Arten beträgt sie nur elf bis zwölf Tage, bei wenigen größeren bis zu 18 Tagen. Auch die Täubchen bleiben in diesem Rahmen. Nur die Wachteln haben als Hühnervögel eine Brutdauer von 16 bis 23 Tagen.

Die Eifarbe

An der Eifarbe kann meistens erkannt werden, ob die Vogelart in einer Höhle oder einem überdachten Nest brütet oder ob sie ein Napfnest baut. In letzterem Fall besitzen die Eier fast immer eine Tarnfarbe. Sie sind bräunlich, grünlich, türkisfarben oder auch blau und haben oft mehr oder weniger Punkte, Flecke und Kritzel. Bei einigen der Webervögel, die ein Kugelnest bauen, tragen die Eier dennoch die Tarnfarben, bei anderen sind sie reinweiß. Dies ist auch bei den Prachtfinken der Fall, die alle ein überdachtes Nest bauen oder in Höhlen ihr Nest anlegen. Weiß oder rahmfarben sind auch die Eier der Täubchen, obwohl diese offene, flache Nester bauen.

Schlupf und Entwicklung der Nestlinge

So wie das Eierlegen in den Morgenstunden geschieht, ist es auch mit dem Schlüpfen der Jungen. Mit Hilfe des Eizahnes, der auf der Spitze des Oberschnabels sitzt, reibt das Junge gegen die Eischale. Ein kleines Loch entsteht. Das Junge, das schon zur Lungenatmung übergegangen ist, stemmt nun mit Bein- und Schulterkraft gegen das spitze Ende der Eischale. Dort, wo der Eizahn das Loch gebohrt hat, erscheint jetzt ein Riß rund um den Bauch des Eies und nach ein paar weiteren Dehn- und Strampelbewegungen des Jungen ist es geschlüpft. Die Eierschale fällt in zwei Hälften nach den Seiten. In der einen liegt zwar bis zum Abtrocknen noch das Junge, doch dann entkrabbelt es auch dieser. Oft hilft einer der Eltern mit, indem er an den Schalenteilen knabbert. Sie werden entweder aufgefressen oder aus dem Nest getragen. Bei den Wachteln sprechen sich die Küken sozusagen ab, wann sie gemeinsam schlüpfen werden, sobald sie mit dem Schnabel die Membran zur Luftkammer im Ei durchbohrt haben. Auf diese Weise wird erreicht, daß sie alle gleichzeitig schlüpfen, zumindest alle am gleichen Tag. Das ist wichtig, denn die Mutter bzw. die Eltern verlassen mit ihnen sofort das Nest.

Nackt und hilflos

Außer den jungen Wachteln, die sogleich laufen können, sind die Vogeljungen völlig hilflos, nackt oder nur mit mehr oder weniger Dunen auf der Oberseite bedeckt. Ihre Hautfarbe ist meistens rosig, bei manchen auch gelblich, bei anderen dunkel, oft fast schwarz. Sie sind zuerst so schwach, daß sie nur den Kopf ein wenig heben und den Rachen aufsperren können. Zwar können sie in der Regel wenigstens für die ersten 24 Stunden nur vom Rest des Dotters leben, den sie im Bauch mitbekommen haben, doch werden sie meistens schon früher zum ersten Mal gefüttert.

Die fast nackten Jungen müssen bis zum Sprießen der ersten Federn mit sieben bis zehn Tagen von den Altvögeln gewärmt werden. Innerhalb dieses Zeitraums nimmt das Hudern allmählich ab. Hört es ganz auf, ist der Kot der Jungen auch nicht mehr in schleimigen Häuten verpackt. Wurde er in diesen möglichst weit vom Nest fortgetragen und dann fallengelassen oder sogar von den Eltern verschluckt, so wird er jetzt von den Jungen auf dem Nestrand abgesetzt. Dort bleibt er liegen und bildet bald einen dicken, harten Kranz. Bei den Prachtfinken gibt es den in Schleimhäuten verpackten Kot nicht, und auch kein Sauberhalten des Nests. Die Jungen setzen ihn, so wie sie wachsen, immer höher an der Innenwand ihrer Nestkugel ab.

Betteln und Füttern

Die Nestlinge der Prachtfinken haben ganz bestimmte Rachenzeichnungen, meistens schwarze Punkte und Streifen auf weißem Grund, die bei jeder der rund 130 Arten etwas verschieden sind. Einige Junge besitzen obendrein noch blaue oder gelbe Papillen in den Schnabelwinkeln. An diesen Merkmalen erkennen die Eltern ihre Jungen. Die Rachenzeichnungen in Verbindung mit drehenden Bewegungen des Kopfes lösen bei den Eltern den Fütterungstrieb aus. Die meisten anderen Singvögel besitzen als Nestlinge rote oder gelbe Rachen, oft auch gelbe, weiße oder bläuliche Schnabelrandwülste. Diese sowie die Auf- und Abbewegungen mit dem Kopf und bald auch immer stärker werdende Bettellaute veranlassen die Eltern, das herbeigetragene Futter in die Schlünde zu stopfen oder zu pumpen.

Solange die Nestlinge noch blind sind, reagieren sie mit Betteln auf Erschütterungen, die der auf dem Nestrand landende Altvogel bewirkt. Oder sie sperren, wenn der hudernde Vogel sich bewegt oder sie mit dem Schnabel berührt. Wenn sich ihnen die Augen öffnen, nehmen sie ihre Eltern auch optisch wahr. Das ist meistens ab dem siebten Lebenstag der Fall. Jetzt legen sie sich so ins Nest, daß ihre Schnäbel dem Einschlupfloch oder der Richtung zugewandt sind, aus der die Eltern beim Anfliegen auf dem Nestrand landen. Oft beginnt jetzt das Betteln schon, wenn der Altvogel beim Herannahen seinen Ruf hören läßt. Zunehmend reagieren die Jungen jetzt auch auf Feinde. Das können wir beobachten, wenn wir mit der Hand in ihre Nähe kommen.

Die Befiederung

Die Befiederung macht ab dem Alter von etwa sieben Tagen rapide Fortschritte. Zuerst brechen die Federkiele des Schwanzes und der Schwingen durch. Es folgen Flügeldeckfedern und die mittlere Federflur entlang der Oberseite, die bald den Nacken, Rücken und den Bürzel bedeckt. Weitere Federfluren entwickeln sich entlang der Flanken und auch der Kopf befiedert. Die meisten Jungen, die in Napfnestern groß werden, haben es ziemlich eilig, diese zu verlassen. Ganz wenige sind schon mit elf bis zwölf Tagen soweit, die Mehrheit mit 13 bis 16 Tagen, und einige der größeren Arten bleiben 17 bis 20 Tage im Nest. Sie fühlen sich sicherer einzeln im Gebüsch versteckt und haben dabei auch bessere Überlebens-

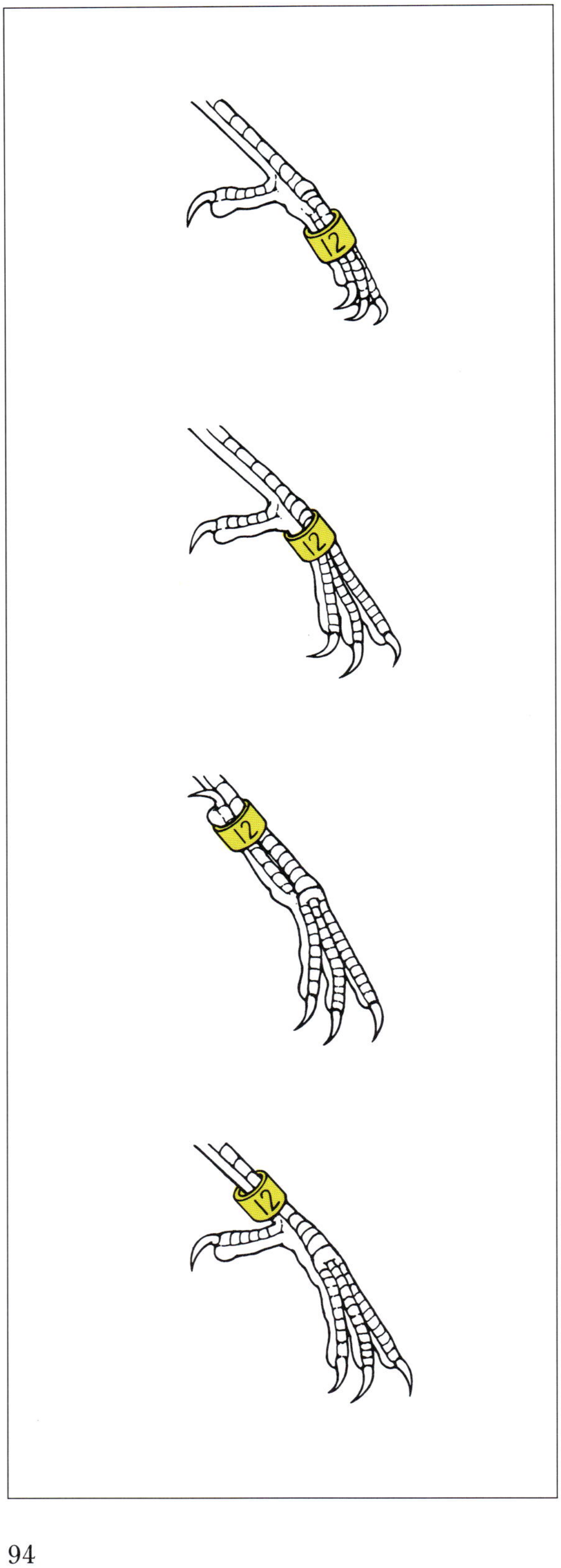

chancen. Sie können dann schon erstaunlich gut hüpfen und klettern, wenige Tage später auch geschickt fliegen.
Bei den Prachtfinken, manchen Webervögeln und anderen, die überdachte Nester bauen oder in Höhlen brüten, geht die Entwicklung der Jungen langsamer vonstatten. Sie bleiben 18 bis 24 Tage im Nest, die meisten von ihnen 20 bis 21 Tage. Fast immer sind sie dann schon voll flugfähig.

Die Beringung

Noch ein Wort zur Kennzeichnung der Jungvögel. Sollen sie beringt werden, dann muß das geschehen, wenn die Vögel acht bis zehn Tage alt sind. Sie erhalten dann Ringe richtiger Weite über den Fuß gestreift. Danach verdickt sich der Knöchel, so daß der Ring nicht mehr abgestreift werden kann. Er ist dann der „Ausweis" des Vogels, zumal bei den Ringen der großen Verbände AZ und DKB (siehe „Vereine und Verbände") die Jahreszahl eingraviert ist. Die Beringung ist Nachweis der Eigenzucht und auch Voraussetzung für die eventuelle Ausstellung eines Vogels auf den Schauen.
Wir sollten jedoch nur dann die Jungen beringen, wenn wir sicher sein können, daß die Eltern uns diesen Eingriff ins Nest nicht verübeln. Viele Arten machen sich absolut nichts daraus, während andere die Jungen nicht mehr füttern, wenn wir am Nest hantiert haben. Dann sollten wir lieber auf das Beringen verzichten.

Vom Flügge- bis zum Selbständigwerden

Wenn es soweit ist, daß die Jungen das Nest verlassen, müssen wir besonders gut aufpassen, daß ihnen nichts zustößt. Sie kennen die begrenzten

So wird der geschlossene Ring dem Nestling im Alter von 8–10 Tagen über den Fuß gestreift. Er geht wenige Tage später nicht mehr abzustreifen, sitzt am Lauf sein Leben lang aber ganz locker.

Verhältnisse in Käfig und Voliere noch nicht, sondern sind instinktiv auf eine weite Umgebung des Nests eingestellt. Sie geraten bei ihren stürmischen und unkontrollierten Bewegungen in Winkel und Hindernisse, aus denen sie sich nicht oder nur schwer alleine befreien können, so daß unsere Hilfe manchmal angebracht ist. Doch gerade unser plötzliches Auftauchen versetzt sie leicht in Panik und läßt die Gefahr von Verletzung und Tod noch größer werden. Wir müssen uns den Jungen im Zeitlupentempo nähern und dabei leise sprechen oder pfeifen. Dieses anfängliche panikartige Davonstürmen vor allem Fremden, das sich auf sie zubewegt, hat in der Natur vielen Jungvögeln sicher das Leben gerettet. In unseren Vogelbehausungen ist es eher gefährlich, wenn sie mit voller Wucht gegen das Drahtgeflecht prallen. Diese Panikfluchtphase dauert nur so lange, bis sie kontrolliert fliegen und steuern gelernt haben, also wenige Tage. Danach zeigen sich die Jungvögel oft sehr zutraulich, ja sogar neugierig. Bei manchen Arten gibt es die Angstphase gar nicht. Bei ihnen vertrauen die Jungen oft darauf, beim Stillsitzen nicht gesehen zu werden.

Nur bei wenigen Arten kehren die Jungen nach dem Ausfliegen wieder in ihr Nest zurück. Die meisten übernachten im Gezweig oder zwischen Gräsern auf dem Boden. Das kann in Gartenvolieren gefährlich für sie werden, denn naßkalter Boden und vielleicht noch Regen können ihnen schnell Krankheiten und Tod bringen. Es sollte also von unserer Seite dafür gesorgt werden, daß die Jungen die erste Zeit in der Innenvoliere bleiben. Sind sie in die Gartenvoliere ausgeflogen, dann ist diese zumindest regensicher zu machen. Viele Jungvögel, die in Innen- oder Zimmervolieren oder in Zuchtboxen ausfliegen, können durch leichtes Anheben der Temperatur in diesen Tagen und Nächten vor Erkältungen bewahrt werden.

Etwa zwei bis drei Wochen lang werden die ausgeflogenen Jungen noch von den Eltern gefüttert und umsorgt. Mehr und mehr übernimmt der Vater diese Rolle, wenigstens bei den meisten Arten. Allmählich lernen die Jungen, selbständig Futter aufzunehmen. Es sollte besonders klein und zart sein. Für die körnerfressenden Arten sind halbreife Samen und Keimfutter jetzt besonders wichtig, verstehen sich die Jungvögel anfangs oft noch nicht gut auf das Entspelzen der Samen.

Absetzen der Jungvögel

Manche Arten sind so friedlich gegenüber ihren Jungen, daß sie diese auch in ihrer Nähe dulden, wenn sie schon selbständig sind und sie selbst mit einer weiteren Brut begonnen haben. Die meisten Paare sind dann jedoch unduldsam und jagen sie oft unerbittlich bis zur Erschöpfung oder hacken sie sogar tot. Das dürfen wir nicht falsch verstehen und sie jetzt als Rabeneltern ansehen, nachdem sie sich zuvor aufopfernd um sie gekümmert haben. Doch die Eltern-Kind-Beziehung ist zu einem bestimmten Zeitpunkt beendet. Die Jungen werden nicht mehr als solche angesehen, schon gar nicht als die eigenen, sondern als Störenfriede, Rivalen und Nahrungskonkurrenten. In der Natur begreifen die selbständig gewordenen Jungen nach ein paar Attakken und verschwinden aus dem von den Eltern beanspruchten Bereich. In unseren Käfigen und Volieren haben sie keine Ausweichmöglichkeit. Wir setzen die Jungvögel lieber rechtzeitig ab, am besten in einen Käfig oder eine Voliere, die der gleicht, in der sie aufgewachsen sind. Werden sie mit den Jungen anderer Paare und mit friedlichen Altvögeln zusammen untergebracht, ist das von Vorteil. Sie haben ja doch vieles zu lernen, vor allem über die Aufnahme verschiedenster Futtermittel und deren Bewältigung.

Die Jugendmauser

Der Jugendmauser kommt besondere Bedeutung zu, denn sie ist für die Vögel eine Zeit der höchsten körperlichen Anstrengung, besonders wenn das gesamte Gefieder ausgewechselt werden muß. Sie findet im Alter zwischen zwei und sieben Monaten statt und kann zwischen vier

und acht Wochen dauern, bei wenigen Arten noch länger.
Bei vielen Arten legen die Jungvögeln nun ihr endgültiges Federkleid an, auch die Männchen. Doch bei den Arten, die ein Ruhe- und ein Prachtkleid zu verschiedenen Zeiten tragen, wobei es sich fast ausschließlich um Männchen handelt, legen die jungen Männchen zuerst das Ruhekleid an. Erst mit der Geschlechtsreife mausern sie dann ins Prachtkleid. Bei einigen der Carduelidden-Männchen ist das Hochzeitskleid zwar schon nach der Jugendmauser vorhanden, doch breite, meistens graubraune Federsäume verdekken es und lassen sie unscheinbar aussehen. Diese Säume nutzen ab, so daß rechtzeitig zur Brutsaison die ganze Farbenpracht erscheint.
Eine vitamin- und mineralstoffreiche, vielseitige Ernährung der mausernden Jungvögel ist sehr wichtig. Wenn möglich, sollten sie direktes Sonnenlicht genießen können, sonst für eine halbe Stunde pro Tag die Bestrahlung mit einer Ultra-Vitalux-Lampe (siehe Abschnitt „UV-Bestrahlung" im Krankheitskapitel).

Geschlechtsbestimmung

Bei vielen Vogelarten sind Männchen und Weibchen unterschiedlich gefärbt, also leicht voneinander zu unterscheiden. In anderen Fällen tragen sie zwar das gleiche Federkleid, doch sind die Farben beim Männchen meistens etwas kräftiger, die Abzeichen ausgedehnter oder stärker betont. Eine solche Zweigestaltigkeit nennt man dimorph.
Wo in der Färbung und Gestalt von Männchen und Weibchen absolute Übereinstimmung besteht, sind sie monomorph. Um bei diesen die Geschlechter unterscheiden zu können, gibt es mehrere Möglichkeiten: Weibchen sitzen wegen des breiteren Beckens meistens etwas breitbeiniger. Sie haben in der Regel einen zierlicheren, runderen Kopf als die Männchen. Die Beobachtung der Verhaltensweisen bringt häufig auch Aufschluß über die Geschlechtszugehörigkeit eines Vogels. Vor allem während der Balz zeigen sich diese Unterschiede bei vielen Arten sehr deutlich. Auch der Gesang ist häufig ein Erkennungszeichen, denn in der Regel singen nur die Männchen. Oder Männchen und Weibchen haben unterschiedliche Gesänge. Doch gibt es bei wenigen Arten auch hierbei totale Übereinstimmung.
Zu Beginn der Brutperiode bilden sich nicht nur die Eierstöcke bei den Weibchen und die Gonaden bei den Männchen aus, sondern bei letzteren auch die Kloake zum „Zapfen". Die Ränder treten hervor und richten sich nach vorn. Das ist beim Auseinanderpusten der Federn nicht nur deutlich zu sehen, sondern auch sehr gut zu fühlen. Bei den Weibchen bleibt der Kloakenrand dagegen flach, was ebenfalls gesehen und gefühlt werden kann. Kanarienzüchter bedienen sich schon lange dieser Methode der Geschlechtsbestimmung. Sie ist auch bei allen anderen kleinen Vögeln anwendbar.
Eine andere Methode der Geschlechtsbestimmung ist die durch Endoskopie. Sie wird vom Tierarzt durchgeführt. Durch einen kleinen Einschnitt in der Bauchdecke können mit dem Endoskop die Gonaden bzw. Eierstöcke erkannt werden. Wegen des operativen Eingriffs sollte das Endoskopieren auf die größeren der in diesem Buch vorgestellten Arten beschränkt bleiben, etwa auf den Beo und die anderen großen Weichfresser.

Mischlinge züchten?

Es werden hin und wieder von nahe verwandten Vögeln Mischlinge gezüchtet. Manch ein Liebhaber möchte sehen, ob zwischen zwei Arten Mischlinge möglich sind, wie sie wohl aussehen mögen und ob sie auch fruchtbar sind. Diese Form der absichtlichen Mischlingszucht ist nur da zu vertreten, wo sie neue Erkenntnisse zum Verwandtschaftsgrad der beiden Arten bringt und diese Erkenntnisse den Ornithologen und Vogelzüchtern durch Veröffentlichen in einer

Fachzeitschrift publik gemacht wird. Sonst sollte aus Gründen der Arterhaltung auf Mischlingszucht verzichtet werden.
Manchmal kommt es allerdings unbeabsichtigt zu Mischlingen, am häufigsten dann, wenn Männchen und Weibchen zweier verwandter Arten keine arteigenen Partner finden können. In wenigen Fällen kommt es auch vor, daß ein sehr triebiges Männchen das Weibchen einer anderen Art just vor dem Moment befliegt, in dem das eigene Männchen die Kopulation vornehmen wollte. Durch seine Aufforderungsgestik hat das Weibchen auch das fremde Männchen angelockt, das dann die günstige Gelegenheit wahrnahm. Liebe macht eben blind. So kommt es dann manchmal vor, daß eins oder auch mehrere der Jungen plötzlich anders aussehen als die übrigen. Es stellt sich mit dem Erwachsenwerden dann meistens heraus, wer der Vater der Halbgeschwister ist. Das ist ja bei einer bunten Vogelgesellschaft in einer großen Voliere nicht von vornherein zu klären.

Mutationen

Zu Mutationen, das sind vererbbare, zufällige Veränderungen in der Färbung, Federstruktur und Gestalt, kommt es bei einer Anzahl der in diesem Buch vorgestellten Vogelarten. Sie sollen hier jedoch nicht näher erläutert und in Bildern gezeigt werden, finden sie doch in speziellen Büchern aus dem Ulmer Verlag Beachtung. Es soll hier nur erwähnt werden, daß es viele Liebhaber gibt, die sich der Zucht der verschiedenen Farbspielarten angenommen haben. So nehmen diese Vögel einen großen Platz bei den jährlich stattfindenden Vogelschauen ein. Es wird um die schönsten in jeder Farbspielart gewetteifert. Und immer wieder kommt es zu neuen Mutationen oder Kombinationen aus verschiedenen Farbschlägen. So weit so gut.
Es soll bei allem Enthusiasmus an den neuen Farben und Formen jedoch nicht dazu führen, den wildfarbenen Vogel, so wie wir ihn aus der Natur erhalten haben, zu vernachlässigen oder zu vergessen. Er ist unersetzbar und muß in reiner Form weitergezüchtet werden. Das ist wichtiger denn je, erhalten wir von vielen Vogelarten doch keinen „Nachschub" mehr aus der Natur.
Nur der Wildfarbene, der Wildvogelgleiche, besitzt das gesamte genetische Inventar, das die Art in ihrer langen Zeit der Entstehung und Entwicklung aufgebaut hat. Jede Mutation bedeutet einen Verlust von Erbgut. Auch wenn wir nur eine Farbe verschwinden sehen, wenn wir aus grünen Vögeln blaue züchten, so geht mit dieser einen Farbe auch eine Menge anderer Erbfaktoren verloren. Das ist auch allen Züchtern von Mutanten bekannt, denn ohne die Hilfe von völlig intakten, sprich Wildvögeln, ist jede Spielartenzucht irgendwann am Ende.
Jedem, der diese züchtet, sei darum ans Herz gelegt, auch einen Stamm wildfarbener Vögel zu pflegen.

Künstliche Brut und Handaufzucht

Die künstliche Brut mit einer Brutmaschine ist mit allen befruchteten Vogeleiern möglich. Sie hat aber nur einen Sinn mit Eiern von Nestflüchtern, also mit Vogeljungen, die gleich vom ersten Tag an Nahrung selbständig aufnehmen können. Von den Nesthockern können nur die Jungen bestimmter größerer Arten vom ersten Lebenstag an mit sehr viel Mühe erfolgreich aufgepäppelt werden.
Von den in diesem Buch vorgestellten Vogelarten kommen nur die Wachteln für die künstliche Brut in Frage. Doch auch bei diesen ist auf das Ausbrüten in einer Brutmaschine nur dann zurückzugreifen, wenn die Henne auch nach mehreren Versuchen keine Bereitschaft erkennen läßt, selbst zu brüten. Meistens sind solche Hennen schon künstlich aufgezogen worden. Wird das über mehrere Generationen praktiziert, kann der Bruttrieb völlig verlorengehen.
Daß sich Jungvögel, die in Brutmaschinen geschlüpft sind, weniger für die Zucht eignen, ist

also wahrscheinlich. Darum sollten wir es Käufern dieser Vögel mitteilen, ebenso wie wir verlangen können, daß wir darüber beim Kauf auch aufgeklärt werden. Leider wird das künstliche Erbrüten jedoch meistens verschwiegen.

Sind bei uns künstlich erbrütete Wachtelküken geschlüpft, dann sind diese in der ersten Zeit in einer Kiste oder in einem größeren Karton zu halten. Darüber wird ein Infrarotstrahler gehängt, der den Küken an einer Stelle die Wärme bietet (ca. 33–35° C), die sie sonst von der hudernden Henne erhalten würden.

Das Aufpäppeln

Junge Nesthocker der Arten, die in diesem Buch beschrieben sind, können wir erst ab einem Alter von etwa zehn bis 15 Tagen mit guten Aussichten auf Erfolg aufpäppeln. Dies gelingt uns bei Weichfressern leichter als bei Körnerfressern, vorausgesetzt, wir haben das notwendige Futter in ausreichender Menge zur Verfügung. Weichfresser-Nestlinge nehmen uns das angebotene Futter fast immer bereitwilliger vom Futterhölzchen oder der abgerundeten Pinzette, als das kleine Körnerfresser tun. Das liegt zum einen daran, daß ihr Schlund oft weiter ist und sie aktiver zupacken und schlucken. Bei den Körnerfressern wird die Nahrung von den Eltern meistens aus dem eigenen Kropf hochgewürgt und tief in den Rachen der Jungen gepumpt. Ihnen müssen wir einen Futterbrei mit den notwendigen Nahrungsbestandteilen mittels einer Spritze mit dünnem Gummischlauch vorne dran direkt in den Kropf drücken. Später lernen sie, Futterkügelchen vom abgerundeten Holz zu nehmen, mit dem wir notfalls etwas nachhelfen.

Bei Körnerfressern im erwähnten Alter kommen wir meistens mit einem Fütterungsintervall von zwei Stunden aus. Bei den Weichfressern müssen wir dagegen alle halbe Stunde für Nachschub sorgen. Diesen Zeitaufwand können wir uns nur leisten, wenn wir ganztags zu Hause sind. Nicht nur das Füttern selbst, sondern auch die Futterbeschaffung und Zubereitung verlangen uns viel Zeit und Geduld ab. Ist es nämlich ein Futterbrei, den wir reichen, dann sollte er auch rund 30° C warm sein.

Wärme

Da wir gerade von Wärme sprechen: Sind die Jungen jünger als die erwähnten zehn bis 15 Tage, dann wird es oftmals notwendig sein, sie zu wärmen, ähnlich wie die Mutter oder die Eltern es durch das Hudern machen. In ihrem Ersatznest, ein Karton, ein Holzkistchen oder Blumentopf aus unglasiertem Ton, sollten sie gleichmäßige Wärme von 30–33° C haben. Sie können zwar mit einem Infrarot- oder Infrarot-Dunkelstrahler Wärme von oben bekommen, doch viel besser ist es, wenn die Wärme von unten kommt und das Nest mit einem dünnen Tuch bedeckt wird, damit die Wärme bei den Jungen im Nest bleibt. Am besten wird unter das Nest eine JOKO-Nistkastenheizung gelegt. Die Temperatur im Nest läßt sich leicht regulieren, wenn zwischen ihm und dieser Heizfolie je nach Bedarf ein Stück Styropor, Holzbrettchen oder eine Kachel gelegt wird, die alle eine unterschiedliche Wärmeleitfähigkeit haben.

Gelingt es uns, ein von seinen Eltern nicht großgezogenes Vogeljunges aufzupäppeln, dann haben wir einen sehr anhänglichen Pflegling, der in vielen Fällen sein Leben lang auf uns geprägt bleiben wird. Er hängt mehr an uns als an seinen Artgenossen. Sind welche vorhanden, sollten wir ihn dennoch nach seinem Selbständigwerden zu ihnen setzen. In manchen Fällen hat ein solch aufgepäppelter Vogel dann doch einen Partner gefunden und mit ihm erfolgreich Junge großgezogen.

Krankheiten und wie man sie verhütet

Aspergillose

Zur Aspergillose kommt es durch die Sporen bestimmter Schimmelpilze, vor allem von *Aspergillus fumigatus*, die sich im Rachen und in den Atemwegen der Vögel ansiedeln. Sie können darin regelrechte Rasen bilden und immer dichter wachsen. Das bringt den befallenen Vögeln Atembeschwerden mit piepsenden Geräuschen, Niesen und Husten. Bei schwerem Befall kommt es sogar zum Erstickungstod.

Am meisten gefährdet sind frisch aus tropischen Regenwaldgebieten importierte Vögel, die kaum Abwehrkräfte gegen Schimmelpilze besitzen. Auch hier geschlüpfte Jungvögel dieser Arten erkranken häufiger als andere. Grundsätzlich können aber alle von uns gepflegten Vögel an Aspergillose erkranken.

Der beste Schutz der Vögel ist frisches, staubfreies Futter sowie Sauberkeit in Käfigen und Volieren. Schimmelpilze können vor allem da wuchern, wo Schmutz, Feuchtigkeit und Wärme zusammenkommen. Auch auf verderbenden Futterresten vermehren sich die Pilze schnell.

Medikamente wie Moronal und ähnliche können bei den Vögeln kaum noch Besserung bringen, wenn wir die Erkrankung an oben beschriebenen Symptomen erkennen. In sehr frühem Stadium kann nach operativer Entfernung der Pilzherde mit täglich mehrfachen Gaben von Amphotericin B und anderen neuen Mitteln geholfen werden. Doch bei den in diesem Buch beschriebenen zumeist sehr kleinen Vögeln wird dies kaum durchführbar sein.

Äußere Verletzungen

Zu äußeren Verletzungen kann es durch Gegenfliegen, scharfe Drahtteile sowie durch Beißen und Hacken untereinander kommen. Es entstehen dabei Wunden am Kopf, am Flügelbug oder Fuß, seltener an anderen Körperteilen. Es kann zu starken Blutungen kommen, die jedoch meistens schnell durch Auftupfen von Eisenchloridwatte für ca. zwei Minuten gestillt werden können. Blutverschmiertes Gefieder kann leicht mit lauwarmem Wasser gereinigt werden.

Während kleine Wunden rasch von selbst verheilen, sollten größere vom Tierarzt behandelt werden. Wird aufgeplatzte Kopfhaut nicht fachmännisch zusammengenäht, behält der Vogel eine Glatze. Ist eine Kralle oder Zehe abgerissen, wird der Vogel davon nicht sonderlich behindert leben können.

Die Unterbringung des Patienten im Krankenkäfig auf Haushaltspapier ist angebracht, damit die Wunde nicht durch Sand oder Erde verschmutzt.

Bindehautentzündungen

Zu Bindehautentzündungen kann es bei unseren Vögeln durch Zugluft, Tabakrauch, scharfe Desinfektionsmittel, staubiges Futter und verdreckte Sitzgelegenheiten kommen. Aus einfachen Reizungen können schnell bakterielle Infekte werden, und diese werden bei zu später Behandlung leicht chronisch.

Bei einer Entzündung schwellen die Bindehäute an, beginnen zu wässern und kleben zu, vor allem über Nacht. In solchem Fall kann man mit Borwasser oder Kamillelösung helfen, indem die Augen leicht betupft werden. Bildet sich Eiter und eine harte Kruste, ist eine Behandlung durch den Tierarzt notwendig. Er wird dann auch eine Antibiotikum-Augensalbe verschreiben.

Candidiasis

Der Hefepilz *Candida albicans* verursacht bei den Vögeln die Candidiasis, auch Soor genannt. Es ist eine Erkrankung des oberen Verdauungstrakts, bei der sich käsige, gelbgraue Beläge in der Speiseröhre, im Kropf, aber auch im Rachen des befallenen Vogels bilden. Es entsteht ein zäher Schleim in der Schnabelhöhle, den der Vogel durch Hin- und Herschleudern des Kopfes loszuwerden versucht. Dabei verschmiert das Kopfge-

fieder immer mehr. Als weitere Symptome treten Appetitlosigkeit, Abmagerung, Atembeschwerden, Trägheit und grünlicher Durchfall auf.
Sind nur Schnabelhöhle und Rachen befallen, helfen Pinselungen durch den Tierarzt oft sehr gut. In allen schweren Fällen müssen Medikamente wie Miconazol, Clotrimazol, Nystatin oder Ketoconazol nach Vorschrift des Tierarztes verabreicht werden. Begleitend sind die Vitamine A, B und K hilfreich bei dieser Erkrankung. Bei der Candidiasis dürfen wir auf keinen Fall Antibiotika anwenden.

Drehkrankheit, Lähmungen und Krämpfe

Bei einer Anzahl Vögel, vor allem bei Tauben, Staren, Finken, speziell bei der Gouldamadine tritt die Drehkrankheit auf, eine Vitamin-B-Mangelerscheinung. Leidet ein Vogel an Vitamin-B-Mangel, wirkt er zuerst nur träge und schwach. Beim Ruhen stützt er sich häufig auf den Bauch. Dann ist auch bald zu beobachten, daß er seinen Kopf mit nach oben gerichtetem Schnabel in die Höhe reckt. Es kommt schließlich zu kreisenden Bewegungen mit dem hochgereckten Kopf. Tritt dies anfangs noch selten auf, so kann es sich bei Nichtbeachtung bald mehren. Dem Vogel fällt es dann auch schon schwer, sicher von Sitzstange zu Sitzstange zu hüpfen. Bei Flugversuchen stürzt er dann auch manchmal ab. Alle diese Symptome treten zuerst nur auf, wenn der Vogel sich in einer Streßsituation befindet. In fortgeschrittenem Stadium kann es jederzeit zu diesen Anzeichen kommen, die schließlich in krampfartigem Drehen des ganzen Vogels auf dem Boden enden. Das kann sich viele Male wiederholen, bis es zum Tod des Vogels führt.
Nestlinge oder Jungvögel mit Vitamin-B-Mangel verkrampfen die Zehen häufig zur Faust. Sie sind dann natürlich nicht in der Lage, auf einem Zweig zu landen. Sie hocken nur auf dem Käfigboden und scheuern sich obendrein die Zehen auf.
Mit Gaben des Vitamins B_1 oder eines Vitamin-B-Komplexes kann dem Vogel im Anfangsstadium geholfen werden. Zwar wird mit den Keimen von Getreide- und Hirsekörnern dem Organismus viel Vitamin B_1 zugeführt, bei der Aufnahme von rein pflanzlicher Nahrung, also von Kohlenhydraten, in hohem Maße aber auch verbraucht. Wo die Vogelart im Nestlingsstadium, oder auch im ganzen Leben in der Natur, Insekten oder andere tierische Nahrung aufnimmt, diese jedoch bei uns verweigert oder sie nicht bekommt, kommt es ebenfalls zu den geschilderten Krankheitserscheinungen. Es besteht offenbar ein Zusammenhang zwischen dem Vitamin B_1 und dem Eiweißstoffwechsel. Auf jeden Fall scheint durch den Mangel an tierischem Eiweiß die Wirkungsweise des Vitamins B beeinträchtigt zu sein.
Zu Krämpfen und Lähmungen anderer Art kommt es durch den Vitamin-E-Mangel. Besonders Insektenfresser können daran erkranken. Werden sie nämlich mit schlecht versorgten Futtertieren ernährt, und nehmen sie keine pflanzliche Nahrung zu sich, dann ist die Gefahr der Erkrankung besonders groß. Sie besteht aber auch bei Körnerfressern, nämlich dann, wenn sie von alten, überlagerten Sämereien leben müssen. Das in den Keimen der Körner enthaltene Vitamin E ist nämlich nicht unbegrenzt haltbar und oxidiert leicht.
Der Mangel zeigt sich bei einem Vogel zuerst in seinem trägen Herumsitzen und vielen Schlafen. Er wird unsicher auf den Beinen und hat damit auch Schwierigkeiten beim sicheren Landen auf Zweigen und Sitzstangen. Nach allmählicher Verschlechterung des Zustands kommt es zum Verdrehen des Kopfes, ähnlich wie beim Vitamin-B-Mangel, doch reckt er dabei seinen Kopf seitwärts nach vorn und dreht ihn unten. Mit langanhaltenden Lähmungen tritt schließlich der Tod ein.
Das Vitamin E muß dem Patienten regelmäßig, aber in kleiner Dosis gegeben werden. Es gibt verschiedene Präparate im Handel, die jedem Futter oder auch dem Trinkwasser zugesetzt werden können.

Durchfall

Zu Durchfall kommt es außer bei Salmonellen, Kokzidien und Kolikeimen (siehe dort) auch durch verdorbenes oder vergiftetes Futter. Es dürfen keine verderblichen Futterreste über Nacht bei den Vögeln verbleiben. Grünfutter und Obst, vor allem gekaufte Ware, kann mit Haltbarmachern gespritzt worden sein. Diese können unsere Vögel töten, in leichten Fällen Durchfall verursachen. Alles sollte vor dem Verfüttern gründlich gewaschen werden. Vogelkohle und Kamillentee können bei Vergiftungen dieser Art helfen.

Ein nervenbedingter Durchfall in total wäßriger Form stellt sich ein, wenn ein Vogel gefangen wurde. Vor Aufregung haben auch alle Mitinsassen diese wäßrigen Ausscheidungen, die sich aber nach kurzer Zeit wieder verlieren.

Entzündete und verschorfte Füße

Zu entzündeten Füßen kommt es vor allem bei Vogelarten, die sich viel auf dem Boden aufhalten, und dieser nicht sauber und trocken gehalten wird. Futterreste und Kot kleben an den Füßen fest und können leicht zu Entzündungen führen. Bei vielen Weichfressern kann es auch durch zu reichliche Gaben von harten Mehlwürmern zu aufbrechenden Geschwüren an den Füßen kommen. Zusammen mit den genannten Verschmutzungen kann das zu schweren Entzündungen führen.

Sauberkeit und Trockenheit des Bodens und der Sitzgelegenheiten helfen, Fußentzündungen zu vermeiden. An Mehlkäferlarven und -puppen sollten stets nur frisch gehäutete, also weiße, weiche gegeben werden.

Ist es zu Entzündungen der Füße gekommen, sind Krusten und Verschmutzungen vorsichtig in einem lauwarmen Kamillenbad zu lösen. Danach sind die entzündeten Stellen mit einer Wundsalbe einzureiben, in schwereren Fällen mit einem Medikament vom Tierarzt. Bis zum völligen Abheilen der Wunden ist der Vogel in einem Käfig zu halten, der mit Haushaltspapier oder anderem unbedruckten Papier ausgelegt ist.

Erkältungen

Zu Erkältungen kommt es am leichtesten durch Zugluft. Aber auch Temperaturstürze, heftige Regenschauer und Stürme können den Vögeln in der Gartenvoliere eine Erkältung bescheren. Es ist darin auch leicht zugig, wenn die Wetterseiten nicht geschlossen und präzise abgedichtet sind. Lange anhaltendes, kaltes Regenwetter in der Gartenvoliere mit permanent feuchtem Boden läßt viele der darin lebenden Vögel sich erkälten. Die Krankheit macht sich durch häufiges Niesen und wässerigem Ausfluß aus den Nasenlöchern bemerkbar. Durch Schnabelwischen an den Sitzgelegenheiten und durch Kopfschlenkern versucht der erkrankte Vogel den sich bildenden Schleim loszuwerden.

Rasselnde oder pfeifende Atemgeräusche geben Hinweis auf verstopfte Atemwege. Der Vogel sitzt aufgeplustert mit trüben Augen fiebernd herum. Er frißt kaum, hat aber großen Durst. Bei so schwerer Erkältung, wie beschrieben, ist nach Anweisung des Tierarztes ein Antibiotikum zu geben, und zwar über das Trinkwasser. Bei sehr leichter Erkrankung hilft oft schon Kamillentee. Auf jeden Fall ist der Vogel trocken und warm unterzubringen, am besten in einem Krankenkäfig. Bestrahlung mit Infrarotlicht ist sehr hilfreich.

Federfressen

Bei einer ganzen Anzahl Vögel, die in diesem Buch beschrieben sind, kann es zum Federrupfen und Federfressen kommen. In den meisten Fällen handelt es sich um das Federpicken an einem Artgenossen oder einem sonstigen Vogel im gleichen Käfig.

Entstanden ist diese Angewohnheit häufig aus der normalen sozialen Gefiederpflege. Nach dem

Fang und in den engen Unterkünften beim Importeur und Händler ist durch die ständige Aufregung daraus eine übersteigerte Aktivität geworden. Federn werden dabei zuerst unabsichtlich ausgezupft. Die nachwachsenden Federn, oft kurze Kiele mit noch flüssigem Inhalt finden nach und nach oder auch plötzlich Beachtung, und zwar als wohlschmeckende Kalziumquelle.

So wird unter diesen Umständen aus einem normalen Vogel ein Federfresser. Einmal damit begonnen, ist diese „Untugend" dem Vogel schwer wieder abzugewöhnen. Ob es außer dem Streßfaktor und dem Geschmackfinden nach Gewöhnung noch andere Gründe für das Federfressen gibt, ist mir nicht bekannt.

Bei Papageien, die sich selbst rupfen, spricht man vielfach auch von Langeweile als Auslöser. Die kann natürlich auch bei unseren kleinen Vögeln eine Rolle spielen, vor allem wenn sie in einem sehr kleinen Käfig untergebracht sind, oder wenn einer darin alleine leben muß.

Manchmal hilft es schon, die Vögel in einen größeren Käfig oder eine größere Voliere umzusetzen. Bekommen sie viel Gezweig, Gebüsch oder gar den Aufenthalt in einer Gartenvoliere in der sie der frischen Luft, dem Regen und dem Sonnenschein ausgesetzt sind, unterbleibt das Federfressen oft spontan und die gerupften Stellen wachsen schnell und vollständig zu. Ist ein Umsetzen oder Trennen der Vögel nicht möglich, kann das tägliche Bestrahlen mit einer Ultra-Vita-Lux-Lampe helfen. Auch sollte ihnen an mehreren Stellen eine Sisalschnur in den Käfig gehängt werden. An ihr und an Gras- beziehungsweise Heubüscheln oder anderen natürlichen Materialien spielen manche Vögel gern herum und vergessen unter Umständen das Rupfen ihrer Mitbewohner.

Es gibt im Fachhandel Mittel zum Einsprühen der bepickten Stellen beziehungsweise des gerupften Vogels, etwa „Pluma protect". Diese, wie auch Aloetinktur oder Beerentraubenblätter-Tee, schmecken bitter und sollen dem rupfenden Vogel sein Tun verleiden. In einigen Fällen hilft es, in anderen jedoch nicht.

Federlinge

Federlinge sind recht harmlose Parasiten unserer Vögel. Sie sind vor allem auf solchen Pfleglingen zu finden, die in Gartenvolieren leben. Sie holen sich die Federlinge durch Vögel, die sich auf die Voliere setzen. Allerdings können nur nahe verwandte Vögel befallen werden, so Sperlinge und Weber von Spatzen, Drosseln und ähnliche Weichfresser von Amseln und die Täubchen nur von verwilderten oder wild lebenden Tauben.

Als recht harmlos sind die Federlinge deswegen zu bezeichnen, weil sie nur von Federteilchen im Untergefieder und von abgestoßenen Hautschuppen leben. An den Federschäften des Kleingefieders, manche auch an den Schwingen und Schwanzfedern, legen sie ihre Eier in Paketen ab. Das Gefieder des Vogels wird bei Befall durch Federlinge stumpf und glanzlos und sieht nach einiger Zeit sogar dünn und zerfranst aus. Dem Vogel bereiten sie starken Juckreiz, weshalb er viel mit dem Schnabel im Gefieder herumstochert und unruhig ist.

Die größere Gefahr bilden die Federlinge für die Vögel dadurch, daß sie Krankheiten übertragen

Federling

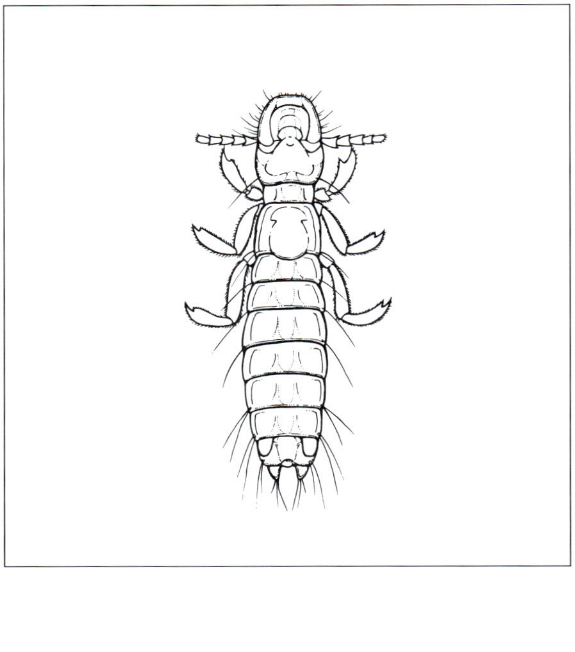

können. Die Pfleglinge, die in der Gartenvoliere leben, werden mit einem geeigneten Ungeziefermittel eingesprüht. Sind sie nachts in einer Innenvoliere, kann dort auch ein Fliegenstrip in entsprechender Dosierung aufgehängt werden. Vögel, die in einer Zimmervoliere oder im Käfig leben, können ebenso behandelt werden.

Fettleibigkeit

Bei fast allen Vögeln kann es durch falsche und zu gehaltvolle Ernährung sowie durch Bewegungsmangel zum Fettwerden kommen. Wir bemerken es erst, wenn der Vogel einen merklich dickeren Bauch hat oder wenn er sich nicht mehr so viel bewegen mag. Oft liegt er dann auch mit dem Bauch auf der Sitzstange. Ein Vogel in solchem Zustand hat keine guten Aussichten auf ein gesundes, langes Leben.

Es kommt meistens zur Fettleibigkeit, wenn wir den Vögeln zu viel Futter geben. Sie suchen sich dann meistens das heraus, was ihnen am besten schmeckt, etwa Hanf bei den einen, Glanz bei den anderen und Mehlwürmer bei den dritten. Das andere Futter verschmähen sie oder werfen es aus dem Napf. Bekämen sie die Hälfte oder noch weniger, würden sie auch die weniger begehrten Samen oder das Weichfutter aufnehmen. Sie müssen so gut wie alles auffressen, bevor sie mehr bekommen. Auf diese Weise wird fast jeder zu dicke Vogel wieder schlank und lebhaft.

Ein größerer Käfig, Freiflug im Zimmer oder das Umsetzen in eine Voliere bewirken manchmal auch Wunder. Kommen sie darin mit lebhaften Vögeln zusammen, werden sie sich auch mehr bewegen.

Futtermilben

Futtermilben kommen in schlecht gelagertem, altem Körnerfutter und vor allem in Weichfutter vor. Sie sind an sich keine Parasiten der Vögel, können ihnen aber ins Gefieder krabbeln und Juckreiz verursachen. Werden sie mit der Nahrung aufgenommen, können sie zu Verdauungsstörungen mit schwerem Durchfall führen. Aufgenommene Futtermilben gelangen auch in die Luftröhre und die Luftsäcke, was Niesen, Husten und Würgen zur Folge hat. Sie werden wegen der gleichen Symptome von uns für Luftsackmilben gehalten und sollten auch so bekämpft werden, wenngleich sie sich nicht lange im Vogelkörper halten. Es können in jedem Fall Krankheiten durch Futtermilben übertragen werden, weshalb sie wie andere Milben bekämpft werden sollten. Vermilbtes Futter ist zu vernichten, die Behälter sind gründlich zu desinfizieren.

Geflügelpest

An der Geflügelpest, die in etwas anderer Form Newcastle Disease (ND) genannt wird, können auch unsere kleinen, exotischen Vögel erkranken. Die Übertragung erfolgt bei der Aufnahme von Futter, wenn etwa wildlebende Vögel ihren infizierten Kot in die Voliere fallen lassen, aber auch durch Einatmen der Viren. Werden Vögel zugekauft, die von der Krankheit genesen sind, können diese oft über Monate hinweg das Virus ausscheiden. Durch rohe Hühnereier oder Eierschalen ist die Übertragung ebenfalls möglich, da diese Erkrankung bei allen Hühnervögeln besonders häufig ist. Vor dem Verfüttern sind Eier zu kochen, Eierschalen kurz auf 100 °C zu erhitzen.

Je nach Resistenz bei den verschiedenen Vögeln kann die Inkubationszeit zwischen vier bis 21 Tage betragen. Der Verlauf der akuten Erkrankung ist oft sehr dramatisch. Manche Vögel sind morgens noch gesund und abends schon tot, bei anderen dauert es zwei bis vier Tage und bei wieder anderen kann sich die Krankheit über Wochen hinziehen. Die Symptome sind Appetitlosigkeit, wäßriger Durchfall, Fieber, Atemnot, wässernde, wegen vergrößerter Pupillen zugekniffene Augen. Die Bindehäute sind geschwol-

len. Bald kommt es zu Gleichgewichtsstörungen, Zittern, Verdrehen des Kopfes und Flugunsicherheit. Nach heftigem Kreiseln, Überschlagen, Krämpfen und Lähmungen tritt der Tod ein. Es überleben je nach Vogelart nur zwischen 10 und 50% die Geflügelpest. Ein Heilmittel gibt es noch nicht.
Eine vorbeugende Immunisierung ist mit einem Lebendimpfstoff aus gefriergetrockneten Viren möglich. Dieser kann als Aerosol über die Vögel gesprüht oder dem Trinkwasser zugesetzt werden. Diese Immunisierung ist nur über und mit dem Tierarzt möglich.

Gehirnerschütterung

Wenn ein Vogel bei Freiflug im Zimmer mit voller Wucht gegen eine Fensterscheibe oder einen Spiegel fliegt, kann er sich eine Gehirnerschütterung zuziehen, ebenso beim Gegenprall gegen das Gitter oder Drahtgeflecht in einer Voliere. Letzteres geschieht häufig in der Nacht, wenn zum Beispiel Katzen oder Eulen die Vögel in Panik versetzen.
Häufig ist der Vogel nach dem Aufprall nicht nur benommen, sondern bewußtlos. Kommt er nicht schnell zu sich, stirbt er meistens an den im Gehirn verursachten Blutungen. Für die Genesung braucht der Vogel unbedingt Ruhe. Am besten ist er im Krankenkäfig untergebracht, wo ihm Futter und Wasser in flachen Näpfen gereicht werden. Sonst können wir nichts für den Vogel tun. Nur die Zeit kann ihn von der Gehirnerschütterung heilen.

Gicht

Die Gicht tritt bei den Singvögeln, also bei den meisten in diesem Buch beschriebenen Vogelarten, seltener auf als etwa bei Tauben und Wachteln. Ältere Vögel und solche mit zu wenig Bewegung sind gefährdeter. Auch eine zu proteinreiche Nahrung mit vielen fetthaltigen Samen und vielem Eifutter können die Gichtentstehung fördern, ebenso ein Mangel an Vitamin A.
Zur Gichtbildung kommt es bei einer Stoffwechselschwäche, bei der eine Nierenunterfunktion bewirkt, daß nicht alle Harnsäure ausgeschieden wird. Dabei kann es zu zwei Formen der Gicht kommen. Bei der einen, die wir nur durch Sektion am toten Vogel erkennen können, werden die inneren Organe befallen. Auf und in den Nieren sind weiße Ablagerungen, oft auch auf der Leber und dem Herzbeutel festzustellen. Die Harnleiter sind durch eine fast feste, weiße Creme verstopft.
Bei der anderen Form setzt sich diese Creme in den Gelenken der Zehen, der Beine und der Flügel ab. Sie bekommen die typischen Gichtknoten. Diese bereiten dem Vogel Schmerzen, bewirken Lahmheit und häufig nachlassendes Flugvermögen.
Die Harnsäureablagerungen werden fest und können bei größeren Vogelarten aus den Gelenken operativ entfernt werden. Mit dem Medikament Allopurinol (es sind Tabletten, die zerstoßen werden müssen) zum Trinkwasser kann bei beiden Formen der Gicht geholfen werden. Über die Dosierung ist der Tierarzt zu befragen, der auch das Medikament liefert. Hilfreich ist auch etwas Vitamin A sowie viel Grünfutter. Eiweißhaltige Nahrung ist dagegen zu vermindern.

Grabmilben

Verschiedene Grabmilben *(Knemidocoptes)* bohren sich den Vögeln in die Haut, vor allem am Schnabelansatz, in der Augenumgebung, auf dem Kopf und im Nacken, am Flügelbug, an der Kloake sowie an Beinen und Füßen. Sie saugen kein Blut, sondern leben vom Eiweiß der Haut- und Hornteile. Durch die Ausscheidungen der Milben und durch Wucherung des Horns kommt es zu Krusten und Schuppen. Wie beim Kanarienvogel kommt es bei seiner Wildform, dem Kanariengirlitz und den anderen Girlitzen leicht zu den gefürchteten Kalkbeinen. Auch andere Vögel

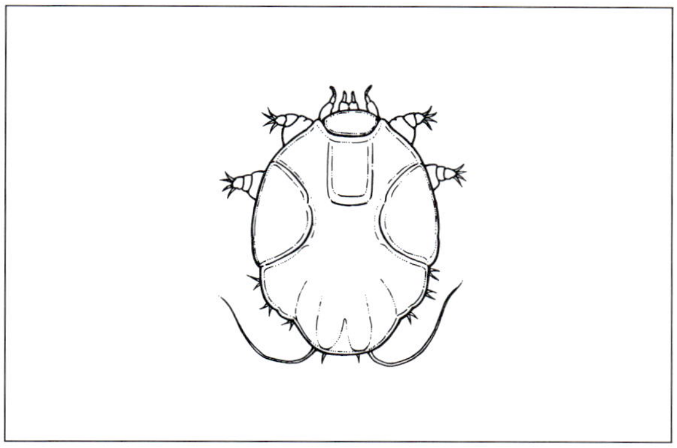

Grabmilbe

sind vorwiegend an den Füßen, andere mehr im Gesicht empfänglich für Grabmilbenbefall. Junge werden häufig schon im Nest von ihren Eltern infiziert.
Grabmilben entwickeln sich langsam und bringen es zu sichtbarem Federausfall bzw. zu Krustenbildung oft erst ein bis zwei Jahre nach dem Befall. Den Vögeln bereiten sie Juckreiz, manchmal entstehen auch Entzündungen.
Die Bekämpfung der Grabmilben ist nicht immer einfach. Sind nur die Füße befallen, können sie mit Vaseline eingerieben oder mit Paraffinum liquidum eingepinselt werden. Letzteres kann man auch an den anderen befallenen Stellen einsetzen. Zur Ablösung von Krusten können sie vorher mit Glyzerin bepinselt werden. Milbex (aus dem Zoofachgeschäft) oder Odylen (aus der Apotheke), letzteres 1:1 mit Wasser verdünnt, helfen ebenfalls gegen Grabmilben. Da alle hier genannten Mittel mehr oder weniger ölig oder fettig sind, ist es angebracht, den befallenen Vogel in einen kleinen Käfig ohne Sand als Bodenbelag zu setzen. Am besten wird der Käfig mit Küchenpapier ausgelegt. Klein sollte der Käfig (gut geeignet ist der Krankenkäfig) sein, denn der Vogel muß zwei bis drei Wochen lang täglich oder alle drei Tage zwecks Behandlung herausgefangen werden.
Zur Unterstützung der Behandlung kann in dem Raum außerdem noch ein Fliegenstrip (siehe unter „Luftsackmilben“) aufgehängt oder aufgestellt werden.

Haarwürmer

Besonders Wachteln und alle Singvögel können sehr unter Haarwürmern leiden. Diese entwikkeln sich ähnlich gut in feuchtwarmem Boden der Gartenvolieren wie Spulwürmer. Ihre Eier werden von den Vögeln aufgenommen und in immer größeren Mengen ausgeschieden. Die Larven bohren sich den Vögeln in die Schleimhaut des Rachens, des Kropfs und des Dünndarms, wodurch diese sich entzünden, Durchfall und Abmagerung verursachen.
Vorbeugung und Behandlung sind so vorzunehmen, wie unter dem Kapitel „Spulwürmer“ beschrieben. Zum Glück sind die Haarwürmer und ihre Eier längst nicht so zäh und langlebig wie die der Spulwürmer.

Haken- und Kreuzschnabel

Bei allen Vogelarten kommen einzelne Individuen vor, deren Oberschnabel eine verlängerte Spitze ausbildet und sich dann oft hakenförmig krümmt. Bei anderen wachsen beide Enden zu lang und dann oft aneinander vorbei, so daß sich ein Kreuzschnabel bildet. Die Ursache kann an einer Verletzung der Schnabelwurzel liegen oder auch an einer anfangs nicht bemerkbaren Verformung im Nestlingsalter. Es kann auch mangelhafte Pflege dafür verantwortlich gemacht werden.
Zu heilen ist solch ein Fehlwuchs des Schnabels nicht. Zu lange Schnabelenden müssen vorsichtig zurückgeschnitten werden. Trauen wir uns das nicht zu, sollten wir einen Tierarzt oder erfahrenen Vogelpfleger dafür aufsuchen. Es ist große Sorgfalt notwendig, kann es doch sonst zu Blutungen oder zum Splittern des Schnabelhorns kommen.
Manchmal helfen kleine Vitamin-A-Gaben, einer Verschlimmerung des Fehlwachstums vorzubeugen. Auf jeden Fall sollte mit einem großen, rauhen Stück Mörtel dafür gesorgt werden, daß die Vögel ihren Schnabel gut wetzen und abnutzen

können. Der Mörtel ist gut zu wässern, bevor er in die Voliere gegeben wird.

Ionisieren

Die Luft, vor allem im Wald, in den Bergen, an Wasserfällen und an der See fühlt sich besonders frisch an. Das liegt daran, daß sie sauerstoffhaltig und reich an negativen Ionen ist. Im Gegensatz dazu befinden sich in Räumen, die staubig, rauchig oder geheizt sind, mehr positiv geladene Ionen. Durch sie ist die Luft darin ärmer an Sauerstoff. In ihr befinden sich große Mengen an Schwebeteilchen, vor allem Staubpartikel, aber auch Viren, Bakterien und Pilzsporen, die unsere Vögel krank machen können. Auf jeden Fall fühlen sie sich in der staubigen Luft auf Dauer nicht wohl. Durch ihr Umherfliegen wirbeln sie selbst auch immer wieder Staub und Federteilchen auf. Letztere sind dafür verantwortlich, daß manche Vogelliebhaber ihr Hobby aufgeben mußten, weil sie allergisch auf den Federstaub reagierten.
Seit Mitte der 80er Jahre kennen wir kleine elektronische Geräte (wie in anderen Ländern schon zuvor), die beständig über eine oder mehrere Nadeln negativ geladene Ionen an den Raum abgeben. Dadurch verändert sich die Luftbeschaffenheit. Die positiven Ionen, die den Staub in der Schwebe gehalten hatten, nehmen ab und machen Platz für die negativen Ionen. Diese ziehen alle Schwebeteilchen an, klumpen sie zusammen und bringen sie damit zum Herabfallen oder dazu, daß sie sich an den Wänden, vor allem in der Nähe des Ionisators absetzen.
Mit einem solchen Gerät, das klein und preiswert ist, das lautlos arbeitet und einen fast nicht meßbar geringen Stromverbrauch hat, können wir für unsere Vögel und für uns nicht nur frische, reine Luft erzeugen, sondern unsere Pfleglinge und uns auch gesund erhalten. Vor allem bestimmte aerogene (durch die Luft übertragbare) Infektionskrankheiten, die früher ganze Vogelbestände dahingerafft haben, sind dort, wo Ionisatoren eingesetzt werden, kaum noch aufgetreten. Auch Atemwegserkrankungen durch staubige Luft sowie Schimmelpilzbefall sind sehr zurückgegangen. Schließlich wirkt sich ein Ionisator auch positiv auf die Fruchtbarkeit, den Schlupf und das Wachstum der jungen Vögel aus.
Nicht nur den Vogelliebhabern, die unter dem Federstaub durch asthmatische Anfälle oder andere Allergien leiden, hilft der Einsatz eines Ionisators. Auch alle anderen begrüßen die reine, staubfreie Luft und die Geruchsfreiheit, die ein solches Gerät für die Räume bietet, in denen Vögel gehalten werden.

Kalkbeine

Kalkbeine werden von bestimmten Grabmilben verursacht, und zwar vor allem bei Kanarien und ihnen nahe verwandten Girlitzarten. Den Namen „Kalkbeine" hat dieser Ungezieferbefall, weil durch das Bohren in den Hornteilen und durch den Kot der Milben ein weißlicher Staub auf den Beinen der Vögel entsteht. Die Behandlung dieses den Vögeln durch Juckreiz sehr lästigen Befalls erfolgt wie unter „Grabmilben" beschrieben.

Knochenbrüche

Es kommt bei den kleinen Vögeln relativ häufig vor, daß sich einer einen Flügel oder ein Bein bricht. Das ist nicht nur bei den von uns gepflegten Vögeln so, sondern auch bei freilebenden. Ist man in der Gegend als „Vogeldoktor" bekannt, werden einem ziemlich oft Patienten mit gebrochenen Extremitäten gebracht. Wo und wie sich die Vögel draußen die Brüche zuziehen, ist mir nicht bekannt. Dagegen sind bei unseren Pfleglingen fast immer in die Käfige oder Volieren eingebaute Gefahrenherde der Grund für derartige Unfälle: Verschnörkelte Gitter an besonders „schönen" Käfigen oder nicht sorgfältig bearbeitetes Drahtgeflecht in den Winkeln von Volieren. Wo Zubehör am Gitter oder Maschendraht angebracht ist, kann ein Vogel ebenfalls leicht mit einem Flügel oder Fuß hängenbleiben. Hat ein Vogel sich erschreckt und ist gegen das Drahtgeflecht der Voliere geprallt oder, bei Freiflug im Zimmer gegen die Fensterscheibe, kann das leicht zu einem Flügelbruch führen.

Wird der Flügel nach einem Bruch nicht hängengelassen, sondern relativ normal gehalten, ist es meistens nicht nötig, ihn zu fixieren. Der Vogel kann zwar nicht fliegen, doch innerhalb von zwei bis drei Wochen wird der Bruch verheilt sein. Dann werden Flugversuche unternommen, die auch meistens erfolgreich sind. Bleiben leichte Flugbehinderungen zurück, dann ist das bei unseren Pfleglingen nicht so tragisch, während sie bei wildlebenden Vögeln fast immer zum Tode führen.

Steht der gebrochene Flügel jedoch unnatürlich ab oder hängt er herab, dann wird er vorsichtig in die natürliche Stellung gebracht und mit einem Klebeband (etwa Leukofix) am Körper befestigt. Damit der Vogel nicht unnötig herumflattert und aus dem Gleichgewicht gerät, wird der gesunde Flügel auf gleiche Weise am Körper fixiert. Wird der Patient an einem ruhigen Platz im Krankenkäfig oder einem anderen kleinen Käfig mit nur einer Sitzstange dicht über dem Boden für etwa zwei bis drei Wochen gepflegt, ist der Bruch geheilt und die Bandage kann abgenommen werden. Das wird trotz sorgfältigen Vorgehens wegen des Klebebands ein paar Federn kosten. Wir behalten den Vogel noch für ein paar Tage im Krankenkäfig, geben ihm jetzt zwei Sitzstangen mit etwas Abstand zueinander hinein, damit er schon ein wenig die Flügel wieder gebrauchen lernt. In den meisten Fällen werden wir ihn dann in seinen gewohnten Käfig oder in die Voliere zurücksetzen können.

Bei einem Beinbruch gehen wir ähnlich vor. Zur Schienung des gebrochenen Laufs nehmen wir einen aufgespaltenen Strohhalm (er ist für die Haut verträglicher als ein Trinkhalm aus Plastik), den wir mit etwas Nähgarn umwickeln. Das darf weder zu fest (das Bein könnte absterben), noch zu locker (der Verband hat keine schienende Wirkung) geschehen. Die verknoteten Enden betupfen wir zum Schluß mit etwas Klebstoff, damit der Vogel sie nicht auseinanderzupfen kann. Im Krankenkäfig wird der Patient ganz ohne Sitzstangen oder nur mit einer, die praktisch auf dem Boden aufliegt, für ebenfalls zwei bis drei Wochen gesundgepflegt.

Ohne Erfahrung und Geschick in der Behandlung von Knochenbrüchen sollten wir nicht zögern, mit dem Patienten den Tierarzt aufzusuchen. Auch sollten wir keine zu komplizierten Brüche selbst zu schienen versuchen, sondern es dem Mediziner überlassen.

Jedoch sollten wir keinen Vogel mit einem Bruch zu früh aufgeben und einschläfern lassen. Auch wenn der Vogel eine Behinderung zurückbehält, wird er Freude am Leben haben. Fast immer wird er in kürzester Zeit sehr gut mit seinem Handikap fertig.

Kokzidiose

Die Kokzidiose ist für viele Vögel eine der schwersten Darmerkrankungen und häufigsten Todesursachen. Sie wird von den Kokzidien, winzigen, einzelligen Parasiten ausgelöst, die vor allem in der Darmschleimhaut leben. Diese vermehren sich unter für sie günstigen Bedingungen oft explosionsartig und führen dann häufig zu ganz plötzlichen Todesfällen. Dann kommt selbst der sofort gerufene Tierarzt zu spät. In den meisten Fällen der Kokzidiose siechen die Vögel langsam dahin. Durchfall, der oft blutig ist, ein stark aufgetriebener Leib bei gleichzeitigem Abmagern, aufgeplustertes Herumsitzen sind die vorherrschenden Krankheitszeichen für die Kokzidiose. Der Tierarzt kann aus einer Kotprobe heraus die Oozysten genannten Eier der Kokzidien leicht mit Hilfe eines Mikroskops feststellen.

Zur Behandlung der Kokzidiose haben sich Sulfonamide und Amprolium bewährt. Nach einer dreitägigen Verabreichung über das Trinkwasser werden für zwei Tage die Vitamine A und D_3 gegeben. Danach ist das Medikament erneut für drei Tage zu verabreichen mit nachfolgenden Gaben eines Multivitaminpräparats.

Der beste Schutz vor der Kokzidiose ist Sauberkeit und regelmäßige Desinfektion. Näpfe, in denen Weich- oder Aufzuchtfutter, Obst oder anderes feuchtes Futter gegeben wird, Trinknäpfe oder Trinkautomaten sowie Badehäuschen und Badeschalen sollten täglich gründlich ausgewaschen, nach Möglichkeit sogar gegen saubere, trockene ausgetauscht werden. Im Käfig und in der Innenvoliere darf es nirgends feuchte Stellen geben, sei es durch Trink- oder Badewasser bzw. durch feuchten Kot. Für das regelmäßige Großreinemachen sind heißes Wasser mit einem Schuß eines guten Desinfektionsmittels ebenfalls eine gute Vorbeugemaßnahme gegen die Kokzidiose.

Koliinfektion

Die gramnegativen Kolibakterien *Escherichia coli* können vor allem bei körner- und fruchtfressenden Vögeln zu Darmentzündungen führen, während sie bei fleisch- und insektenfressenden Vögeln seltener Erkrankungen hervorrufen. Diese Vögel beherbergen stets einige gramnegative Kolikeime im Darm, während bei den übrigen Vögeln grampositive Keime zur Darmflora gehören.

Die Vögel können sich auf verschiedene Weise infizieren. Grünfutter kann durch die Ausscheidungen von Mäusen, Ratten, Kaninchen, Katzen, Hunden, Rindern und anderen verschmutzt sein, nicht sorgfältig gelagertes Körnerfutter wird ebenfalls leicht von einigen der genannten Tiere erreicht und mit Kot und Urin belastet. Stuben- und Schmeißfliegen sind besonders gefährliche Überträger von Kolikeimen. Werden Fliegen und Fliegenmaden als Lebendfutter gezüchtet, muß dies mit einem speziellen, keimfreien Futterbrei geschehen, da sonst Kolikeime massenhaft mitgezüchtet werden. Auch alles andere Lebendfutter kann stark belastet sein.

Die Kolibakterien vermehren sich im Darm rasant, werden mit dem Kot ausgeschieden und mit Futter wieder aufgenommen, aber auch mit aufgewirbeltem Staub. Sind die Vögel im allgemeinen auch sehr widerstandsfähig gegenüber diesen Kolikeimen, so erkranken Jungtiere und geschwächte Alttiere doch leichter. Meistens macht sich die Koliinfektion als Darmerkrankung mit Durchfall bemerkbar. Sie kann aber auch die Atemwege befallen und als Lungenentzündung enden. Bei einigen Vögeln treten auch Bewegungsunlust und Lahmheit auf.

Nur durch Kotuntersuchungen können die Erreger erkannt werden, ferner durch Sektion frischtoter Vögel. Da Kolibakterien gegenüber vielen Wirkstoffen resistent geworden sind, ist es nicht leicht, das richtige Antibiotikum gegen sie einzusetzen. Auch Sulfonamid-Trimethoprim ist gegen sie wirksam. Vorbeugend ist auf größte Sauberkeit zu achten. Vor allem Grünfutter-, Obst- und Weichfutterreste sind rechtzeitig zu entfernen, die Näpfe auszuwaschen. Das gleiche gilt auch für das Trink- und Badewasser und die Wassergefäße.

Krallenschneiden

Bei den meisten Vögeln, die von uns gepflegt werden, wird ein Schneiden der Krallen nicht erforderlich sein, nutzen sie sich doch auf natürliche Weise von selbst ab. Vor allem aber bei Vögeln, die auf Felsen oder in Binsen-, Schilf- und Papyrusdickichten leben, kann ein regelmäßiges Beschneiden der Krallen notwendig sein. An dem rauhen Untergrund bzw. den rauhen Halmen nutzen diese Vögel ihre Krallen schnell ab. Sie haben darum von Natur aus ein stärkeres Krallenwachstum. Dieses führt bei einem normalen Käfig- oder Volierenboden mit Sand, Erde oder Gras sowie glatten Sitzstangen oder Zweigen schnell zu überlangen Krallen.

Sind die Krallen zu lang, dann können die Zehen manchmal nicht mehr in der natürlichen Stellung gehalten werden. Entzündungen und Verrenkungen der Zehen können die Folge sein. Gefährlich kann es für den Vogel werden, wenn er mit den langen Krallen am Gitter, an Sitzstangen, Zweigen oder, bei Freiflug im Zimmer, an Gardinen oder Polstermöbeln hängenbleibt. Ist nie-

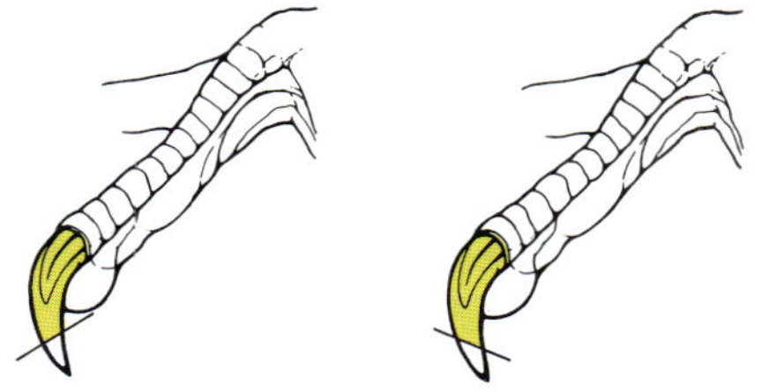

mand in der Nähe, der ihn aus seiner mißlichen Lage befreit, zieht er sich schwere Beinverletzungen zu oder flattert sich gar zu Tode.
Die zu langen Krallen werden vorsichtig mit einer Nagelschere, Nagelzange oder einem Clip zurückgeschnitten. Es ist mit Bedacht an die Sache heranzugehen, denn allzu leicht kann dabei in die Blutgefäße geschnitten werden. Das führt dann meistens zu heftigem Bluten und zu Schmerzen für den Vogel. Hat dieser helle Krallen, sind die Blutgefäße und Nervenenden deutlich zu sehen. Bei dunklen Krallen ist es hilfreich, sie gegen ein starkes Licht zu halten. Beim Schneiden 2–3 mm von den Gefäßenden fortbleiben. Sollte es doch einmal zum Bluten kommen, ist sofort für zwei bis drei Minuten Eisenchloridwatte draufzutupfen. Wird das Blut nicht gestillt, kann der Blutverlust bei kleinen Vögeln schon zu einer Schwächung führen.
Es sind auch vorbeugende Maßnahmen gegen übermäßiges Krallenwachstum möglich. Einige dicke Äste mit rauher Rinde können in die Voliere eingebracht werden, ferner rauhe Steine, etwa ein Stück alter Mörtel, ein Bimsstein oder eine Schamotteplatte. Vor die Futter- oder Trinknäpfe gelegt, landet der Vogel viele Male am Tag darauf und nutzt die Krallen dadurch ab.

Krankenkäfig

Hier, im Kapitel über Krankheiten und ihre Verhütung, ist sicher der beste Platz, ihn zu beschreiben und seine Anwendung zu erläutern.

Als Krankenkäfig können wir jeden kleineren Käfig verwenden. Ist er rundum verdrahtet, kann er mit einem Handtuch bedeckt werden, während von der Vorderseite mit Infrarotlicht bestrahlt wird, falls dies notwendig ist. Ein Thermometer hängen wir an das Gitter, so daß eine Kontrolle der Temperatur möglich ist. Auch ein kleiner Kistenkäftig läßt sich als Krankenkäfig einrichten und verwenden.
Dennoch bleiben einige Mängel bei einem normalen Käfig bestehen, die ein Krankenkäfig nicht haben sollte. So ist stufenlos regulierbare Wärme notwendig, die auch nicht mittels eines Strahlers nur von einer Seite kommen darf. Aus diesem Grund hat ein Krankenkäfig zumeist zwei Böden. Zwischen diesen Böden sind ein oder zwei schwache Glühbirnen oder ein Heizkabel (wie für Terrarien) installiert. Sie sorgen über Thermostat für eine konstante Temperatur. Beide Böden sollten leicht herausziehbar sein, der obere wahlweise aus einem Gitterrost oder einer Schublade bestehen. Dann kann der Kot auf das Papier in der unteren Schublade durchfallen, was zur Vermeidung der Wiederansteckung und für die Entnahme von Proben zur Untersuchung sinnvoll ist. Kommt oben eine Schublade herein, kann jeder Bodenbelag (je nach Krank-

Bei Temperaturstürzen oder schlecht hudernden Eltern bewährt sich eine JOKO-Therm-Nistkastenheizung.

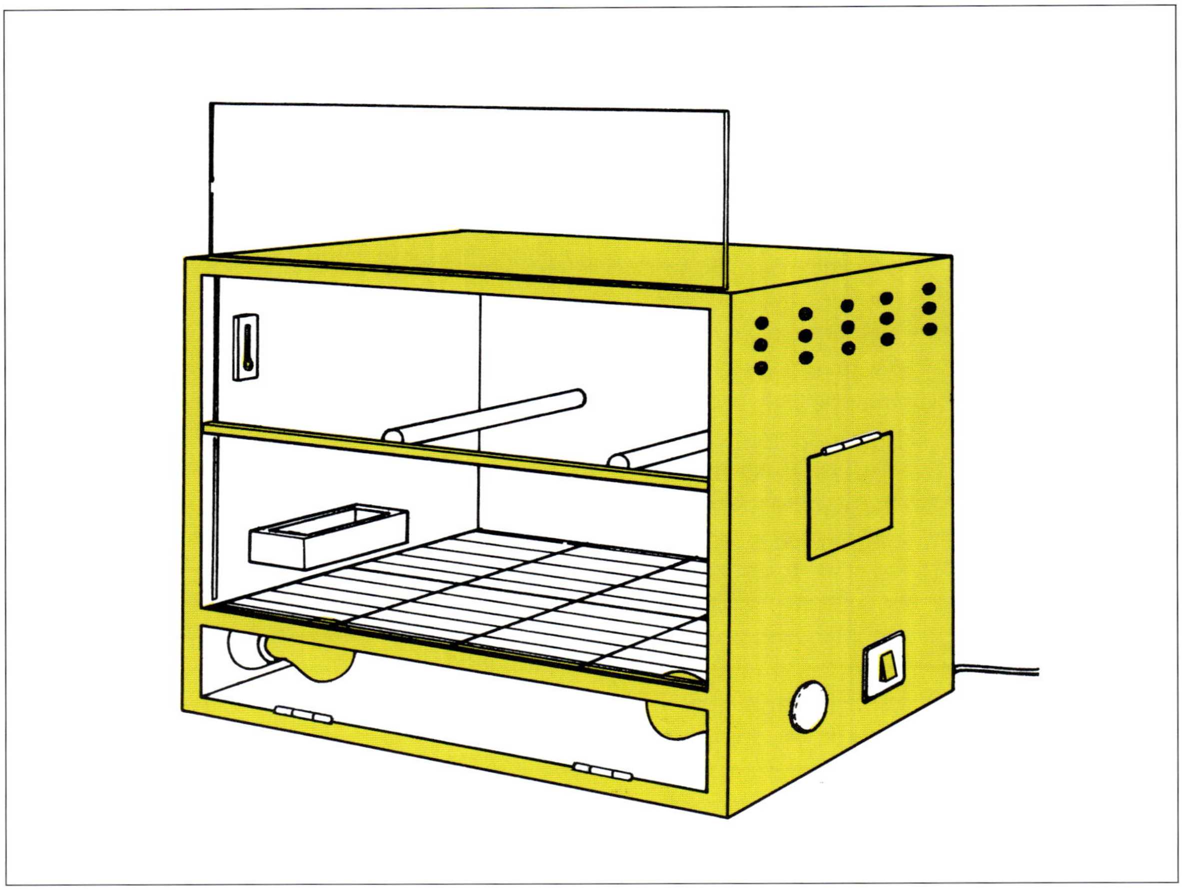

heit und Vogelart) oder auch Fließpapier (bei Verwendung von Salben) eingebracht werden. Die Sitzstangen sollten ausgewechselt oder ganz fortgelassen werden können. Letzteres ist für Vögel mit gebrochenen Extremitäten wichtig, die nicht flattern und hüpfen dürfen. Läßt sich außerdem dicht über ihrem Kopf eine durchlöcherte Plexiglasscheibe oder ein Drahtrost einschieben, verhindert das jedes sonst mögliche Auffliegen. Eine Plexiglasscheibe oder wahlweise ein Drahtgitter sollten die Vorderfront des Krankenkäfigs bilden, ebenso die einschiebbare Decke. Sind Lüftungslöcher im oberen Teil einer Seitenwand vorhanden, kann mit den verschiedenen Teilen im Krankenkäfig jede Temperatur, jede Luftfeuchtigkeit, also jedes gewünschte Klima geschaffen werden. So läßt er sich auch leicht für jede Vogelart als Eingewöhnungs- und Quarantänekäfig benutzen.

Ein Krankenkäfig mit Heizung durch Dunkelstrahler, Thermostat, Thermometer und Frontscheibe, die gegen ein Gitter auswechselbar ist.

Eine schwache Beleuchtung im Krankenkäfig dicht unter der Decke, ebenso ein 60 Watt-Elstein-Dunkelstrahler vervollständigen seine Einrichtung. Der eingebaute, jederzeit abschaltbare Dunkelstrahler ist für die Infrarotbestrahlung ebenso effektiv wie eine 250 Watt-Rotlichtlampe. Deren Abstand zum Krankenkäfig muß sorgfältig ausprobiert werden. Sie ist nur durch eine Gitterfront wirksam und kann es für den Vogel leicht zu heiß werden lassen. Der Elsteinstrahler kann hingegen über Thermostat auf eine bestimmte Temperatur eingestellt werden, genau wie die Bodenheizung. Näpfe für Futter und Wasser sollten sehr leicht herausnehmbar und aus glasiertem Ton sein, eine seitliche Klappe gerade groß genug zum Hineinlangen mit der Hand genügt.

Leberschäden

Falsche Ernährung kann bei unseren Pfleglingen leicht zu Leberschäden führen. Dabei kann es zum Anschwellen der Leber kommen, Hepatitis genannt, oder zum Schrumpfen, was als Zirrhose oder Vogeldarre bezeichnet wird.
Alles was wir unseren Vögeln als Futter anbieten, ist Ersatznahrung. Was sie in der Natur aufnehmen, wissen wir in vielen Fällen oft noch gar nicht. Und selbst wenn uns die Nahrung bekannt ist, können wir sie meistens nicht oder nur in sehr verminderter Qualität beschaffen.
Nicht nur bei Körnerfressern kommt es infolge falschen Futters zu Leberschäden, sondern auch bei Weichfressern. Nicht nur, daß alle Futtertiere, die wir reichen, schlechter Ersatz für die von ihnen in der Natur gefangenen sind. Das Weichfutter ist meistens mit Lebertran oder anderen Fetten angereichert, die schnell ranzig werden und dann Gift für die Vögel sind.
Vögel mit Leberschäden magern immer mehr ab, obwohl sie fast nur noch am Futternapf zu sehen sind. Bei fortgeschrittener Krankheit ist ihnen nicht mehr zu helfen. In leichten Fällen kann eine Besserung mit Mariendistel-Tinktur, *Carduus marianus* und zwar der Urtinktur, die durch das Zeichen zu erkennen ist, erreicht werden. Als Dosierung kommt ein Tropfen auf 10 ml Wasser. Der Tierarzt kann eventuell ein Medikament verabreichen. Zu Leberschäden kommt es auch bei Infektionen durch Viren oder Bakterien.

Legenot

Es kommt vor, daß ein Vogelweibchen das voll ausgebildete Ei nicht legen kann. Es gibt verschiedene Gründe dafür: Das Weibchen ist noch sehr jung. Die Kloake kann dann noch zu eng oder die Muskulatur zu schwach sein, um das Ei herauszupressen. Wenn die Weibchen mancher kleinen Arten in der Natur auch schon im Alter von fünf bis sechs Monaten erfolgreich zur Brut schreiten, sollten wir sie dafür in unserer Pflege neun bis zwölf Monate alt werden lassen. Durch einen plötzlichen Temperaturabfall kann es für Weibchen vor allem in einer Gartenvoliere durch Versteifen der Muskulatur zu Legenot kommen. Selbst durch Störungen am Nest kann ein Weibchen durch den Streß das Ei verhalten. Manchmal kommt es auch zu einem schalenlosen Ei, das nicht aus dem Eileiter gepreßt werden kann, weil es keinen Gegendruck liefert. Zu dieser Art von Legenot kommt es durch Mangel an Kalzium, entweder weil nicht ausreichend Mineralstoffe geboten werden oder wegen einer Stoffwechselstörung.
Ein Weibchen, dem zu viele Bruten erlaubt wurden, kann plötzlich erschöpft sein und mit Legenot beider Formen reagieren. Bei jungen Weibchen sollte nach zwei Bruten für die Saison Schluß sein, sonst spätestens nach drei Bruten. Danach ist eine Ruhepause von wenigstens einem halben Jahr notwendig. Bei manchen Paaren genügt es, wenn alle Nistgelegenheiten aus Käfig oder Voliere entfernt werden. Bei anderen wird es notwendig sein, Männchen und Weibchen getrennt unterzubringen, da sie sich sonst immer wieder zur Brut anregen. In solchem Fall legt das Weibchen einfach auf den Boden, nicht selten bis es erschöpft ist oder sogar an Legenot eingeht.
Die Legenot ist einfach zu erkennen. Das Weibchen sitzt aufgeplustert herum, meistens auf dem Boden, hat aber, anders als bei Erkrankungen, den Kopf nicht ins Nackengefieder gesteckt. Es hat offensichtlich große Schmerzen, zittert hin und wieder und bewegt den Schwanz auf und ab. Oft ist es nicht mehr in der Lage, auf einen Zweig oder eine ganz nahe Sitzstange zu gelangen. Helfen wir ihm nicht schnellstens, kann es innerhalb weniger Stunden tot sein. Manchmal quält es sich auch zwei Tage lang.
Der Hinterleib des Weibchens ist dick und gerötet, sowohl vom Ei als auch durch Anschwellen.

Durch ganz sanften Druck mit der Fingerkuppe kann meistens festgestellt werden, ob es sich um ein schalenloses und somit weiches oder ein hartschaliges Ei handelt. Mit etwas lauwarmem Speiseöl reiben wir leicht kreisend die Umgebung der Kloake ein. Durch das warme Öl, das wir auch in die Kloake selbst tupfen, sowie die zart massierende Bewegung tritt das Ei manchmal nach wenigen Minuten aus, während wir den Vogel in der Hand halten. Wird die Kloake gleichzeitig in den Wärmestrahl einer Infrarotlampe gehalten, ist der schnelle Erfolg noch sehr viel wahrscheinlicher.

Wir können das Weibchen auch in feuchtwarme Tücher wickeln, so daß nur noch der Kopf herausschaut. Diese Methode eignet sich mehr für größere Arten. Hierbei ist das Weibchen meistens schnell vom Ei befreit. Wenn nötig, muß das Weibchen nach jeweils einer Viertelstunde in ein frisch feuchtwarmes Handtuch gewickelt werden. Sowohl vorbeugend als auch bei Legenot, die im Anfangsstadium erkannt wird, genügt häufig Wärme von ca. 35 °C, die mittels eines Infrarostrahlers auf eine Stelle des Käfigs oder der Voliere gerichtet wird. Eine andere und sehr viel einfachere Methode ist die, eine JOKO-Therm-Nistkastenheizung zwischen zwei Kacheln zu legen und einen großen Futternapf obendraufzustellen. Das Weibchen sucht die Wärme und setzt sich in den Napf, frißt vielleicht ein wenig, erwärmt seinen Leib und fliegt anschließend aufs Nest, um sein Ei zu legen. Manchmal läßt es das Ei auch im Futternapf zurück.

Damit es gar nicht erst zu Legenot kommt, sollte im Zuchtraum für möglich gleichmäßige Temperatur gesorgt werden. Ferner sollte Vitakalk oder Ospulvit zum täglich frisch gereichten Weich- oder Keimfutter gegeben werden, eventuell auch ein Tropfen Lebertran. Da Keim- und Weichfutter täglich frisch zubereitet werden, ist auch kein Ranzigwerden des Lebertrans zu befürchten, was unbedingt zu vermeiden ist. Darum auch nur kleine Fläschchen Lebertran in der Apotheke kaufen und im Kühlschrank aufbewahren!

Luftröhrenwürmer

Der Befall mit Luftröhrenwürmern *(Syngamus trachea)* wird auch Rotwurmseuche, Gabelwurmseuche oder Gähnschnabel genannt. Die befallenen Vögel gähnen nämlich häufig, würgen, husten, niesen und haben Atembeschwerden. Durch Schleuderbewegungen versuchen sie die Würmer und den von ihnen verursachten zähen Schleim loszuwerden. Vermehren sich die leuchtendrot aussehenden Würmer immer mehr, dann verstopfen sie die Luftröhre und die Vögel ersticken. Es kommt auch zu Entzündungen und Blutungen in der Luftröhre.

Durch Luftröhrenwürmer sind meistens Weichfresser gefährdet, die in einer Gartenvoliere leben und Regenwürmer oder Schnecken aufnehmen. Diese sollten nicht verfüttert werden. Die Ansteckung erfolgt aber auch über Wurmeier, die durch den Kot freilebender Vögel in die Voliere gelangen. Bei feuchtwarmem Wetter halten sich die Wurmeier im Boden lange, die von den befallenen Vögeln in Massen ausgeschieden werden. Durch die Aufnahme der Eier mit der Nahrung kann es zu immer stärkerem Befall durch Luftröhrenwürmer kommen. Würmer und Schnecken als Zwischenwirte sind also nicht erforderlich.

Als Gabelwürmer werden diese Schmarotzer bezeichnet, weil das kleinere Männchen, das nur 2–6 mm lang wird, ständig am 15–20 mm langen Weibchen festhängt. So sehen beide wie ein Wurm mit zwei Köpfen bzw. wie eine Gabel aus. Eine wichtige Vorbeugemaßnahme ist das Sauber- und Trockenhalten des Volierenbodens. Die Gartenvoliere sollte auch überdacht sein, um das Hineinfallen von infiziertem Vogelkot auszuschließen. Um kleine Vögel wirksam zu behandeln, wird ihnen Mebendazol, Fenbendazol oder Thiabendazol in kleiner Dosierung zum Weichfutter gegeben, und zwar zehn bis 14 Tage lang. Bei zu hoher Dosierung sterben die Würmer alle auf einmal, die von den Vögeln unter Umständen nicht schnell genug ausgehustet werden und dann zum Ersticken führen können. Die Medikamente und die Hinweise zur Dosierung erhalten wir von unserem Tierarzt.

Luftsackmilben

Von den in diesem Buch vorgestellten Vögeln erkranken nicht alle durch Luftsackmilben. Es werden vor allem Girlitze, so der Kanariengirlitz, Sperlinge und einige Prachtfinken, vorzugsweise die Gouldamadine, von diesen Parasiten heimgesucht. Sie leben in den Luftsäcken, in der Luftröhre und sogar auf der Lunge, bei schwerem Befall selbst auf den anderen Organen des Vogels.

Durch ihr Herumkrabbeln in der Luftröhre reizen die Luftsackmilben den Vogel zum Niesen, Husten und Würgen. Er versucht, durch heftige Schluck- und Schleuderbewegungen die Luftröhre freizubekommen und sondert Schleim ab, den er an die Sitzstange wischt. Nach und nach verliert der Vogel seine Stimme und läßt statt dessen piepsende und röchelnde Geräusche hören. Oft wird der Luftsackmilben-Befall als Erkältung und Schnupfen verkannt und falsch behandelt. Der Zustand des Vogels kann sich dann so sehr verschlechtern, daß er nur noch aufgeplustert herumsitzt und schweratmend nach Luft ringt. Durch Ersticken oder eine Lungenentzündung kann es schließlich zum Tod kommen.

Der Befall durch Luftsackmilben ist zwar ernstzunehmen, jedoch recht leicht zu beheben. Es gibt verschiedene Methoden, die Vögel von diesen Plagegeistern zu befreien.

Die einfachste Art, die Luftsackmilben zu bekämpfen, ist mit Hilfe eines Fliegenstrips. Als Wirkstoff entströmt allen Fliegenstrips Dichlorvos und tötet alles Ungeziefer im Raum ab. Da es gasförmig ist, dringt es nicht nur in alle Ritzen und Winkel, sondern wird vom Vogel auch eingeatmet und tötet die Luftsackmilben ebenfalls. War bislang der Mafu-Strip bei Vogelliebhabern am bekanntesten, so hat die Firma Bayer diesen weitgehend durch den Blattanex-Strip ersetzt. Aber auch Vapona-, Paral- und andere Insekten-Strips, so Johnson PSY 9, haben die gleiche Wirkung.

Das für den Vogel und uns unschädliche Gas tötet die Luftsackmilben innerhalb weniger Tage, wenn nicht Stunden ab. Zuerst verstärkt sich das Niesen und Würgen beim Vogel, was aber nur ein Zeichen dafür ist, daß sich die Milben vor dem Absterben noch heftig bewegen. Manchmal werden danach ganze Klumpen der Parasiten ausgehustet.

Mit Bactazol oder einem anderen, für den Vogel verträglichen, Sprühmittel können die Luftsackmilben ebenfalls bekämpft werden. Er kann dafür in seinem Käfig bleiben, wird mit dem Spray alle drei bis fünf Tage eingenebelt. Auch hierbei atmet er die Wirkstoffe ein, wenn auch nicht so tief wie das mit dem gasförmigen Dichlorvos möglich ist. Darum muß der Vogel auch öfter besprüht werden.

Bei der dritten Methode, den Luftsackmilben ein Ende zu bereiten, muß dem Vogel durch Tropfimpfung 0,03 bis 0,05 ml eines bestimmten Wirkstoffs auf einen nackten Schulterfleck zwischen den Federfluren getupft werden. Es handelt sich um die Neguvon-Lösung, die am ersten, fünften und neunten Tag verabreicht werden muß. Da nur wenige Tierärzte die Neguvon-Lösung verschreiben, hat sich der Apotheker E. Mayer, Sonnenapotheke, in 6455 Erlensee, dazu bereiterklärt, diese in 100-ml-Flaschen an Vogelliebhaber zum Preis von ca. DM 16,00 zu versenden. Diese Menge reicht für einen größeren Vogelbestand und ist im Kühlschrank etwa ein halbes Jahr haltbar.

Luftsackmilben sind bei fast allen in Frage kommenden Vogelarten vorhanden, wenn auch in so geringer Zahl, daß sie den Vogel nicht stören und uns verborgen bleiben. Erst durch Mauser, Jungenaufzucht und anderen Streß können sie sich so stark vermehren, daß sie zur Plage werden. In Gartenvolieren können sie durch Spatzen übertragen werden, die sich obendrauf setzen. Die Nestlinge bekommen von den Eltern bei der Fütterung schon Luftsackmilben mit. Neu hinzugekaufte Vögel sollten gegen sie geimpft werden, bevor wir sie zum Volierenbestand setzen. Zeigt ein Vogel aus dem Bestand die geschilderten Symptome, sind alle zu behandeln, die Übertragung ist nämlich über das Trinkwasser, über Weich- und Aufzuchtfutter sehr leicht möglich.

Lungenentzündung

Wird eine Erkältung nicht rechtzeitig behandelt, ist eine Lungenentzündung häufig die Folge. Zugluft und naßkaltes Wetter führen häufig auch direkt zur Lungenentzündung. Besonders in irgendeiner Form geschwächte Vögel werden dann und auch im Gefolge schwerer Infektionen von ihr heimgesucht.

An Lungenentzündung erkrankte Vögel sitzen matt und aufgeplustert herum, atmen schwer, oft sogar röchelnd. Sie lassen die etwas gespreizten Flügel herabhängen und zittern häufig, ein Zeichen hohen Fiebers. Um bei den verschleimten Atemwegen genügend Luft zu bekommen, halten sie den Kopf nach oben vorgestreckt.

Eine Rettung der Vögel ist nur bei sofortiger Verabreichung eines Breitband-Antibiotikums möglich, am besten, wenn der Tierarzt es injiziert. Für die Weiterbehandlung (zumeist im warmen Krankenkäfig) richten wir uns nach den Anweisungen des Tierarztes.

Mauserschwierigkeiten

Normalerweise kommt jeder Vogel einmal im Jahr in die Mauser, manche auch zweimal. Dabei wird innerhalb von vier bis acht Wochen das gesamte Federkleid gewechselt, denn das alte ist abgenutzt, manche Federn sind beschädigt oder abgebrochen. Der Vogel wird ohne Mauser früher oder später sein Flugvermögen verlieren.

Zumeist führt eine ungenügende Ernährung zu Mauserschwierigkeiten. Besonders der Mangel an Mineralstoffen kann zur „Stockmauser" führen, also zur ins Stocken geratenen Mauser. Auch Vitamine oder Sonnenlicht können fehlen. Ist die Zimmerluft zu trocken oder wird in dem Raum viel geraucht, dann kann es ebenfalls diese Schwierigkeiten geben.

Ein Vogel mit Stockmauser bekommt ein immer stumpferes, lückenhaftes Gefieder, oft auch kahle Stellen. Er verliert ständig einige Federn, doch mausert er nicht richtig durch. Oft sitzt er lustlos herum, stellt meistens den Gesang ein und fühlt sich offensichtlich nicht wohl.

Ernähren wir den Vogel wie in den Futterplänen angegeben, reichen viele Mineralstoffe und sorgen für helle, zeitweise auch sonnige Unterbringung, dann werden wir bei ihm nie Mauserschwierigkeiten erleben. Er wird vielmehr Jahr für Jahr pünktlich und zügig sein herrlich neues Federkleid anlegen.

Ornithose

Wie es bei Papageien durch gegenseitige Ansteckung und durch unsaubere Haltung zur Psittacose kommen kann, so bei den übrigen Vögeln zur Ornithose. Durch ein bestimmtes Virus wird die Krankheit ausgelöst, das durch Tauben, Spatzen und andere Vögel eingeschleppt werden kann. Infizierte Vögel, die nicht an der Krankheit gestorben sind, können zu Dauerausscheidern werden. Setzen sie sich auf die Voliere und lassen ihren Kot hineinfallen, können sich unsere Pfleglinge leicht mit der Ornithose anstecken. Auch wenn wir unsere Vögel vernachlässigen, kann es zu dieser Krankheit kommen, vor allem wenn sie durch Mauser oder Zucht geschwächt sind.

Eindeutige Symptome sind bei der Ornithose nicht festzustellen. Meistens äußert sich die Erkrankung durch Atemnot, Nasenausfluß, rasselnden und piepsenden Geräuschen, also wie eine Erkältung. Der Vogel sitzt apathisch herum, hat trübe Augen und auch Fieber, was aus seinem sporadischen Zittern zu schließen ist. Durchfall, Krämpfe und Lähmungen sind die zumeist letzten Stadien der Erkrankung vor dem Tod.

Nur der Tierarzt kann durch eine sehr schnelle Behandlung dem Vogel im Anfangsstadium der Erkrankung helfen. Das geschieht durch ein Antibiotikum. Den Körnerfressern kann es in

Form von entsprechend präparierter Hirse gegeben werden, wie das für Wellensittiche und andere Papageienvögel üblich ist. Weichfresser erhalten das Medikament stets über das Trinkwasser.

Werden weitere Vögel gepflegt, sind alle gegen die Ornithose zu behandeln, denn in der Regel erkrankt der gesamte Bestand daran. Auch wir Menschen sind nicht sicher vor einer Ansteckung. Es zeigen sich grippeähnliche Symptome, manchmal sogar mit Fieber. Wir sollten beim Arzt stets erwähnen, daß wir Vogelhalter sind, damit er die Möglichkeit einer Ornithoseerkrankung in Betracht ziehen kann. Übrigens ist auch der Zoohändler nach der Ornithosenverordnung verpflichtet den Namen und die Anschrift des Käufers festzuhalten.

Pseudotuberkulose

Von Nagern wie Mäusen und Ratten, aber auch von freilebenden Vögeln wie Sperlinge und Tauben und sogar durch Fliegen und andere Insekten können die Erreger eingeschleppt werden. Es sind Bakterien, die von den Vögeln mit dem Futter oder Trinkwasser aufgenommen werden. Die Inkubationszeit kann von etwa fünf Tagen bis zu zwei Wochen dauern. Dann erkranken die Vögel meistens sehr plötzlich und schwer. Sie sitzen aufgeplustert herum und sind innerhalb von Stunden oder höchstens ein bis zwei Tagen so geschwächt, daß sie nur noch aufgeplustert auf dem Boden hocken können. Meistens sterben sie schon am zweiten Tag ihrer deutlich erkennbaren Erkrankung, und zwar an einer Vergiftung durch die sich explosionsartig vermehrenden Bakterien.

Es gibt auch einen chronischen Verlauf der Krankheit. Dabei magern die Vögel ab, bekommen Durchfall und schließlich auch Lähmungen. Wird diesen Vögeln rechtzeitig ein vom Tierarzt verschriebenes Medikament, meistens ein Antibiotikum wie Chloramphenicol oder Ampicillin, verabreicht, ist eine Rettung vielleicht noch möglich.

Rachitis

Rachitis macht sich als Knochenweiche bei Nestlingen und ausgeflogenen Jungvögeln bemerkbar. Beine, Flügel, das Brustbein und die Wirbelsäule verkrümmen, der Schnabel bleibt weich. Es kommt zu Wachstumsstörungen. Bei ausgewachsenen Vögeln kann es ebenfalls zu den genannten Symptomen kommen, wenn auch in weniger dramatischer Form. Eingetretene Schäden sind nicht mehr rückgängig zu machen.

Rachitis kann durch ständige Gaben von Kalzium und Phosphor im Verhältnis 2:1 vermieden werden. In Kalkpräparaten wie Ospulvit, Vitakalk und andern ist dies gewährleistet. Des weiteren ist darin auch Vitamin D_3 enthalten, das ebenfalls der Rachitis vorbeugen hilft. In Grünfutter, Obst und weiteren Futtermitteln ist Provitamin D enthalten, mit dessen Hilfe der Vogel im direkten Sonnenlicht das Vitamin D_3 selbst bilden kann (siehe hierzu auch den im Krankheitskapitel enthaltenen Abschnitt „UV-Bestrahlung“).

Rote Vogelmilben

Diese Milben sind die gefährlichsten Ektoparasiten unserer Vögel. Sie saugen ihnen Blut ab und übertragen dabei auch noch Krankheiten. Nachts fallen die Roten Vogelmilben über ihre Opfer her, bei brütenden Vögeln und Jungvögeln im Nest auch tagsüber. Sie sind lichtscheu und ziehen sich in dunkle Ecken, in Ritzen und Spalte zurück. Wir werden sie also an solchen Plätzen suchen müssen oder die schlafenden Vögel beobachten. Bei Vorhandensein von Milben schlafen sie nicht ruhig, sondern schütteln sich häufig, stochern mit dem Schnabel im Gefieder herum und trippeln auf ihrem Schlafzweig herum. Sie leiden offensichtlich unter starkem Juckreiz. Jungvögel im Nest sind bei starkem Befall durch diese Milben schon an Blutarmut gestorben, brütende Weibchen haben vor Pein das Gelege aufgegeben.

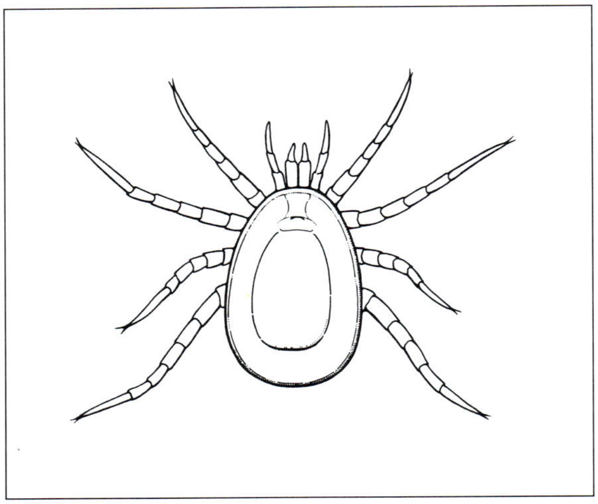

Rote Vogelmilbe

Rote Vogelmilben machen ihrem Namen alle Ehre und sind dunkelrot, wenn sie frisch Blut gesogen haben. Ist dieses zum großen Teil verdaut, sehen sie schwarz aus. Sind sie dagegen ausgehungert, werden sie gelblich und fast durchsichtig wie altes Pergament. In diesem Zustand können sie bis zu fünf Monate fasten, sogar in einer Gartenvoliere und bei Minustemperaturen. Werden die im Herbst hereingeholten Vögel im Frühjahr wieder in die Gartenvoliere gesetzt, stürzen sich die Milben sogleich auf sie. Es ist also wichtig, auch die leerstehende Voliere gründlich zu desinfizieren.

In einer Gartenvoliere wird es ein ständiger Kampf gegen die Roten Vogelmilben bleiben. Sie werden durch Spatzen, Tauben und andere freifliegende Vögel, die sich auf die Voliere setzen, immer wieder eingeschleppt. Auch ist es schwer, sie draußen zu bekämpfen. Zwar können Winkel und Ritzen in der Gartenvoliere mit einem sehr wirksamen und für die Vögel verträglichen Ungezieferspray ausgesprüht werden, doch verfliegt die Wirkung draußen sehr schnell.

In Innenräumen mit Volieren und Käfigen können wir ebenfalls mit Sprays gegen die Milben vorgehen. Hier bietet sich allerdings die Verwendung von Fliegenstrips (siehe Abschnitt „Luftsackmilben“) an, die in dem Raum aufgehängt oder aufgestellt werden.

Gerade bei den Roten Vogelmilben sind die Fliegenstrips angezeigt, da sich diese Parasiten in den unzugänglichsten Ritzen verstecken und für ein Spray unerreichbar bleiben können. Das DichlorvosGas der Fliegenstrips strömt dagegen überall hin.

Zur Dosierung ist zu sagen, daß die Gebrauchsanleitungen befolgt werden müssen. Durch tägliches Lüften sollte für Frischluft gesorgt werden, damit sich der Wirkstoff nicht zu sehr anreichern kann. Auch müssen die Strips nicht für ihre gesamte Wirkungszeit von drei bis vier Monaten im Raum verbleiben. Jedes Ungeziefer ist nach wenigen Tagen abgetötet. Darum kann so ein Strip nach spätestens einer Woche wieder in seiner Verpackung verschwinden. Wird diese mit Klebeband verschlossen, bleibt der Strip wirksam und kann jeden Monat für eine Woche vorsorglich aufgehängt werden.

Salmonellose

Die Gefahr, an Salmonellose zu erkranken, ist für Vögel in einer Gartenvoliere bedeutend größer als für Vögel in der Zimmervoliere oder im Käfig. Durch Stadttauben, Spatzen und Möwen gelangt deren Kot in die Volieren. Auch Fliegen können Überträger sein und ihren Kot auf Weichfutter und Obst hinterlassen. Aber auch Vögel in der Wohnung sind nicht absolut sicher vor einer Infektion, kann zum Beispiel das Körnerfutter beim Händler durch Mäuse oder Ratten verschmutzt worden sein. Die Möglichkeiten der Ansteckung sind also zahlreich. Selbst das Wasser kann verseucht sein.

Die Salmonellen sind Bakterien und vermehren sich besonders rasch in feuchtwarmem Boden, in wenig sauberen Trink- und Badegefäßen. Besonders Jungvögel erkranken schwer, doch kann unter besonders ungünstigen Bedingungen der gesamte Bestand innerhalb weniger Tage schwerkrank sein. Die Verluste sind dann hoch. Nur durch schnelle Behandlung mit Antibiotika, Sulfonamiden oder Furazolidon ist für einige der Vögel noch eine Rettung möglich. Erschwert wird eine schnelle und wirkungsvolle Behandlung oft dadurch, daß Salmonellen schon gegen viele der genannten Medikamente resistent sind.

Spulwürmer

Von den in diesem Buch beschriebenen Vogelarten werden nur die Tauben und die Wachteln von Spulwürmern *(Ascaridia)* befallen. Sie nehmen mit ihrer Nahrung die Wurmeier vom Boden auf. Da es keines Zwischenwirtes bedarf, vermehren sich die Spulwürmer im Dünndarm der Vögel. Zu Anfang merken wir ihnen den Befall noch gar nicht an. Doch dann bekommen die Vögel Durchfall und ein struppiges Gefieder, magern ab und werden träge. Auch Lähmungen der Flügel und Beine können auftreten, verursacht durch Giftstoffe, die durch die Würmer freigesetzt werden. Schließlich vermehren sich die Spulwürmer so stark, daß der ganze Darm von ihnen ausgefüllt ist. Sie können den Darm sogar verstopfen, was den Tod zur Folge hat.

Im Kot der Vögel können die Spulwurmeier durch den Tierarzt festgestellt werden. Die Behandlung mit einem Piperazin- oder Tetramisol-Präparat befreit die Vögel leicht von den Würmern. Bei sehr schwerem Befall sollte besser nicht die volle Dosis des Medikaments gegeben werden, sondern weniger nach und nach. Sonst könnten alle Würmer auf einmal abgetötet werden, was zu einem Darmverschluß und zum Tod der Vögel führen würde.

Damit es gar nicht erst zum Spulwurmbefall kommt, sind einige Vorbeugemaßnahmen notwendig: Bei naturbelassenem Boden in der Voliere ist dieser zweimal im Jahr spatentief zu erneuern. Da die Wurmeier sehr zäh und langlebig sind, überstehen sie Nässe, Trockenheit, Hitze und sogar tiefe Frostgrade. Es hilft also nur die Erneuerung des Erdreichs. Besser wirksam ist selbstverständlich eine mit Steinplatten ausgelegte oder ausbetonierte Voliere. Darin können sich die Spulwurmeier nicht so gut am Leben halten, zumal Sand und Erde, die da eingebracht sind, öfter ausgewechselt werden.

Trichomoniasis

Vor allem Tauben leiden unter dieser von den meisten Züchtern „Gelber Knopf" genannten Krankheit. Aber auch alle anderen in diesem Buch beschriebenen Vögel können von ihr befallen werden. Der Erreger ist der birnenförmige Einzeller *Trichomonas gallinae.* Vor allem durch verschmutztes Trinkwasser wird er übertragen. Während Altvögel häufig schon immun gegenüber dieser Erkrankung sind, ist sie für Jungvögel dagegen sehr gefährlich. Sie werden beim Füttern durch ihre Eltern angesteckt – aber auch sie schnäbeln.

Es bilden sich gelbliche Beläge im Rachen und Kropf der Vögel. Die Nahrungsaufnahme und die Atmung werden behindert. Der Kopf wird in die Höhe gereckt und röchelnd nach Luft geschnappt. Es kann zum Verhungern oder zum Erstickungstod kommen.

Die gelben Beläge dürfen nicht abgehoben werden, da es sonst zu Blutungen kommen kann. Dagegen können sie als Sofortmaßnahme mit Jodglycerin-Lösung auf einem Wattestäbchen vorsichtig betupft werden. Zur Behandlung über einen Zeitraum von acht Tagen eignen sich die Medikamente Metronidazol, Ronidazol, Kardinazol und Ipronidazol. Sie werden über das Trinkwasser verabreicht und können auch zur Vorbeugung gegeben werden. Hierbei spielt Hygiene eine wichtige Rolle. Das Trinkwasser ist nicht nur täglich frisch zu reichen, sondern die Trinknäpfe und Trinkautomaten müssen ebenfalls jeden Tag gründlich ausgewaschen werden. Am besten ist es, sie täglich auszuwechseln und sie nach der Reinigung für einen Tag trocken stehenzulassen. Dann haben die Trichomonaden keine Chance, unsere Vögel krank zu machen.

Tumoren

Zu Tumoren kann es bei allen von uns gepflegten Vögeln kommen. Vor allem unter den dank verbesserter Pflege und Ernährung immer älter werdenden Vögeln treten Tumore auf. Häufig ist es eine Fettgeschwulst, die sich im Brust-Bauch-Bereich bildet und so groß werden kann, daß der Vogel Probleme mit dem Fliegen bekommt. Zu gehaltvolle Ernährung und zu wenig Bewegung können dafür verantwortlich sein. Wird beides korrigiert, kann ein Weiterwachsen der Geschwulst verzögert werden. Wegzubekommen ist sie jedoch nicht. Bei größeren Vögeln kann sie operativ entfernt werden. Da es aber fast immer ältere sind, ist abzuwägen, ob wir ihnen die nicht ungefährliche Prozedur noch zumuten wollen. Die Fettgeschwulst ist zwar eine starke Behinderung, sie ist aber nicht bösartig.

Besonders bei Weichfressern, und auch hier vornehmlich bei älteren Tieren, können Tumoren über den Augen und am Schnabelansatz beobachtet werden. Auch hierbei wäre eine operative Entfernung möglich. Das Für und Wider muß im Einzelfall zwischen Besitzer und Tierarzt erwogen werden. Manche dieser Tumoren scheinen den Vogel kaum zu behindern, andere führen zu seinem Tod.

Über Tumoren an den inneren Organen erfahren wir meistens erst nach einer Sektion des gestorbenen Vogels. Sie liefern uns manchmal die Erklärung für eine lange, rätselhafte Krankheit. So ist die Lahmheit auf einem Bein häufig auf einen Tumor an der Niere der entsprechenden Seite zurückzuführen.

UV-Bestrahlung

Außer Leuchtstoffröhren mit Tageslichtanteil, wie sie zur Erhellung von Kistenkäfigen, Vitrinen und Innenvolieren erforderlich sind, ist auch eine kurze, aber tägliche Bestrahlung mit einem Sonnenstrahler Ultra-Vitralux sehr wohltuend für die Vögel. Das von dieser Birne abgegebene ultraviolette Licht ist Sonnenlicht in konzentrierter Form. Es fördert vor allem die Umwandlung der Vitamin-D-Vorstufen in die Vitamine D_2 und D_3 im Körper der Vögel. Die D-Vitamine sind für die Eibildung, das gesunde Knochenwachstum bei den Jungvögeln und die Knochenfestigkeit bei Jung- und Altvögeln unentbehrlich. Es kommt bei mangelhafter Vitamin-D-Produktion (oder Versorgung) zu Knochenweiche, auch Rachitis genannt, dadurch zu Mißbildungen und Bewegungsstörungen, weichschaligen Eiern und Legenot. Die Versorgung mit einem Vitamin-D-Präparat ist zwar möglich, kann aber leicht zu stark werden und dann ebenfalls schädlich sein. Es kann zu Kalkablagerungen in den Organen und Harnvergiftungen kommen. Darum ist es besser, den Vögeln ihre Vitamin-D-Produktion weitgehend selbst zu überlassen, wofür sie Sonnenlicht oder eben den Osram Ultra-Vitalux-Strahler brauchen. Eine halbe Stunde Bestrahlung pro Tag reicht völlig aus.

Verstopfung

Zu einer Verstopfung kann es kommen, wenn ein frisch importierter Vogel nach seiner Reise ohne Sand und Grit plötzlich zu viel davon aufnimmt. Das gleiche kann passieren, wenn er im Krankenkäfig auf Fließpapier statt auf Sand und Grit gehalten wurde und anschließend zu heißhungrig darauf ist. Darum ist in jedem Fall ein Napf mit Grit auch im Krankenkäfig notwendig. Denn die Steinchen sind für die Verdauung (für das Zermahlen der Körner im Muskelmagen) wie für die Mineralstoffversorgung gleichermaßen lebensnotwendig. Verstopfung kann auch bei den Federfressern vorkommen. Werden Federn oder andere schlecht verdaubare Dinge in größerer Menge aufgenommen, kann dies die normale Entleerung des Darmes erschweren.

Ein Tropfen Speiseöl oder Lebertran eingeflößt, ein weiterer in die Kloake massiert sind wirksame Mittel, eine leichte Verstopfung zu beheben. In schwereren Fällen kann statt dessen Paraffinöl oder Rhizinusöl verabreicht werden. Die wippenden, pressenden Bewegungen eines Vogels mit Verstopfung sind eigentlich unverkennbar, werden von manchen Anfängern in der Vogelliebhaberei jedoch leicht mit den oft ähnlichen Bewegungen bei Durchfall und bei Legenot verwechselt.

Anhang

Vögel auf Ausstellungen

Alljährlich bieten sich den Vogelliebhabern und Züchtern mehrere Möglichkeiten die wichtigsten Arten auf Ausstellungen und Schauen kennenzulernen oder bewerten zulassen. Dabei sind in Deutschland zweifelslos die AZ-Bundesschau und die DKB-Meisterschaft die Höhepunkte des Schauwesens. Dort wechseln auch die meisten Vögel den Besitzer.

Biotopvolieren

Viele der in diesem Buch vorgestellten Vogelarten sind hin und wieder oder regelmäßig auf Ausstellungen zu finden. Manche werden in großen Volieren dem Publikum vorgestellt. Sie sollen darin so gezeigt werden, wie sie in ihrer Heimat leben. Mit großer Sorgfalt und nicht unerheblichen Kosten versuchen die Züchter Biotopvolieren einzurichten, die dem natürlichen Lebensraum der Vögel nachempfunden sind. Häufig werden dafür Pflanzen benutzt, die ebenfalls aus dem gleichen Gebiet wie die Vögel stammen. In dieser liebevollen Ausstattung der Volieren spiegelt sich das schöne Verhältnis der Züchter zu ihren Pfleglingen wider. Sie möchten anderen Mensche zeigen, wie schön die Beschäftigung mit den Gefiederten in der Freizeit sein kann. Voller Stolz werben sie für ihr Hobby.

Schaukäfige

Dann ist da noch die andere Seite der Vogelschauen. Sie nimmt sogar den größeren Teil der meisten Ausstellungen ein. Hier sitzen die Vögel Reihe für Reihe nach Arten und Farbschlägen sortiert in kleinen, genormten Käfigen. Diese Art der Präsentation von Vögeln stößt bei manchen der Besucher auf Ablehnung. Häufig werden die Vögel bedauert und oft die Frage gestellt, warum sie in so winzigen Käfigen leben müssen. Und warum werden die Vögel diesem Streß, die der Transport und das Ausharrenmüssen vor den vielen Besuchern bedeutet, überhaupt ausgesetzt?

Ja, warum sollen die Vögel auf diese Weise ausgestellt werden? Will der einzelne Züchter im Wettbewerb mit anderen Ausstellern damit nicht nur Titel, Medaillen, Pokale und andere Ehrenpreise erringen? Sicherlich ist das für die meisten Aussteller der wichtigste Beweggrund.

Der Vergleich mit Wildvögeln

Aus der Sicht der Vogelzuchtverbände AZ und DKB (siehe „Vereine und Verbände") gibt es noch einen wichtigeren Grund für diese Art der Ausstellung. Die Vögel sollen einem Vergleich unterzogen werden und so weit wie möglich einem für sie aufgestellten Standard entsprechen. Nach ihm sollen die wildfarbenen Vögel den in der Natur lebenden Vorbildern entsprechen.

Hierzu könnte gefragt werden, ob denn zwei wildfarbene Vögel nicht immer wieder Wildvogelgleiche hervorbringen? Im Prinzip schon, doch haben die Vögel in unseren Käfigen und Volieren nicht die Möglichkeit, sich mit einer Vielzahl von Artgenossen zu paaren und damit immer wieder für die Vermischung von Erbgut zu sorgen. Vielmehr sitzen sie in den kleinen Beständen bei den Züchtern verstreut. Würden sie auf Schauen nun nicht regelmäßig zusammentreffen, wären sehr unterschiedliche Vögel das Resultat. Auf diese Weise und mit dem Standard als Vorbild sollte es möglich sein, den Wildvögeln möglichst ähnliche Individuen nachzuziehen.

Damit möglichst viele Züchter die Gelegenheit haben, ihre Vögel in Vergleich zu stellen, werden die kleinen Schaukäfige dafür benutzt. Die Vögel sind bei AZ-Schauen ja nur vier Tage darin, bei DKB-Schauen einige Tage länger. Keinesfalls leben sie in diesen kleinen Käfigen, was einige Besucher entsetzt anzunehmen scheinen. Doch die Züchter machen sie meistens lange vorher mit den Ausstellungskäfigen vertraut. Dazu hängen sie diese vor die Türen ihrer gewohnten großen Käfige und geben ihnen das Futter darin. Ohne Scheu gehen sie dann in die kleinen Käfige, in denen sie sich zumeist auch recht vertraut zeigen.

Chancengleichheit

Ein weiterer Grund für die einheitlichen Schaukäfige ist die Chancengleichheit, die damit

Zeitschriften für Vogelliebhaber in Deutschland, Österreich und der Schweiz

Aktuelles aus der Vogelwelt

Edeltrud Geistlinger, Waidach 153, A-5421 Adnet, Tel. und Fax (0 62 45) 8 44 65. Eine Zeitschrift für Vogelliebhaber und Freunde der Natur. Die Berichterstattung umfaßt den gesamten Bereich der Ornithologie und des Umweltschutzes. Vorrangig werden Themen behandelt, die zur Vogelwelt Österreichs in direktem Bezug stehen. Erscheint monatlich.

Gefiederter Freund

Redaktion Exotis Schweiz, von Roll Areal 53, CH-4710 Balsthal, Tel. 062 391 89 07, Fax 062 391 89 06. Abonnementsannahme Bruno Steffen, Dorfstrasse, CH-3364 Seeberg, Tel. 062 968 10 66. Seit ihrer Gründung im Jahre 1954 tritt diese Verbands- und Fachzeitschrift für tiergerechte Vogelhaltung ein und bringt interessante Beiträge aus allen Bereichen der Ornithologie. Erscheint monatlich.

Gefiederte Welt

Herausgeber Dr. Joachim Steinbacher, Redaktion Dietmar Schmidt, Aspacher Straße 15, D-71522 Backnang, Tel. (0 71 91) 6 13 12, Fax (0 71 91) 97 07 57, Verlag Eugen Ulmer, D-70599 Stuttgart. Diese Fachzeitschrift mit inzwischen 122jähriger Tradition ist ein Begriff für jeden Vogelliebhaber und -züchter. Interessante Beiträge und Fotos aus allen Bereichen der Ornithologie, der Vogelpflege und Zucht sowie Mitteilungen, eine Schriftenschau und kostenlose An- und Verkaufsanzeigen in jedem Heft. Erscheint monatlich.

Geflügel-Börse

Verlag Jürgens KG, Industriestraße 13, Postfach 15 29, D-82102 Germering bei München, Tel. (0 89) 84 60 10, Fax (0 89) 8 40 23 51. Zwar wendet sich diese Zeitschrift, wie ihr Name schon sagt, vor allem an Geflügelhalter und -züchter, doch sind Beiträge über exotische Vögel und viele Verkaufsanzeigen in jedem Heft enthalten. Erscheint zweimal im Monat.

Tierwelt

Schweizerische Gesellschaft für Kleintierzucht (SGK), Redaktion Vogelhaltung/Vogelzucht: Jean-Claude Huber, Bergstraße, CH-8566 Dotnacht, Tel. und Fax (0 72 68) 17 77. Im bereits 108. Jahrgang sind in jedem Heft neben Beiträgen über andere Kleintiere auch solche über Vogelhaltung und Vogelzucht zu finden. Erscheint wöchentlich.

Der Vogelfreund

Hanke-Verlag GmbH, Amrichshäuser Straße 28/1, 74653 Künzelsau, Tel. (0 79 40) 54 44 54, Fax (0 79 40) 54 44 40. Die Zeitschrift widmet sich überwiegend der Haltung und Zucht des Kanarienvogels in all seinen Zuchtformen. Sie bringt aber auch, und das mit zunehmender Tendenz, Beiträge über alle anderen Vögel, insbesondere exotische Kleinvögel. Erscheint monatlich.

Die Voliere

Diese Fachzeitschrift wird seit 1978 im Verlag M. & H. Schaper herausgegeben. Postfach 16 42, 31046 Alfeld (Leine), Tel. (0 51 81) 80 09-0, Fax (0 51 81) 80 09 33. Sie bringt in jeder Ausgabe interessante Beiträge und Farbfotos aus allen Bereichen der Vogelhaltung und -zucht sowie dem Freileben der Vögel. Mitteilungen und kostenlose An- und Verkaufsanzeigen runden das Bild jeder Ausgabe ab. Erscheint monatlich.

WP-Magazin

Arndt-Verlag, Brückenfeldstraße 30, 75015 Bretten, Tel. (0 72 52) 39 15, Fax (0 70 52) 7 82 24. Hauptthema dieser Zeitschrift sind Papageien und Sittiche, doch auch die anderen Vögel werden vorgestellt, vor allem in Beiträgen über ihre Zucht. Erscheint alle zwei Monate.

Vereine und Verbände

Als Vogelliebhaber suchen wir oft Kontakt zu Gleichgesinnten. Vielleicht wollen wir nur Erfahrungen austauschen, Vögel erwerben, verkaufen oder tauschen, oder wir möchten am Wettbewerb auf Vogelschauen teilnehmen und uns einem Verein anschließen. Wir werden bemerken, daß es oft nicht leicht ist, Leute mit dem gleichen Hobby oder einen Verein vor Ort zu finden. Dabei gibt es sie fast überall, nur treten sie nicht immer öffentlich in Erscheinung. Dafür gibt es Dachorganisationen, denen fast alle Vereine oder Ortsgruppen angeschlossen sind. Diese teilen uns gern mit, wo in unserer Nähe ein Verein besteht. Hier die Adressen und Kurzbeschreibungen der wichtigsten Verbände.

AZ

Vereinigung für Artenschutz, Vogelhaltung und Vogelzucht (AZ) e.V., kurz AZ genannt. In ihr sind über 30 000 Vogelfreunde Mitglied. Wir können Mitglied in der AZ werden, ohne einem Verein beizutreten, erhalten die monatlich erscheinenden AZ-Nachrichten, können die amtlich anerkannten AZ-Fußringe bestellen sowie an offenen Vogelschauen, der AZ-Landesschau, die einmal im Jahr in jedem Bundesland stattfindet, und an der großen AZ-Bundesschau teilnehmen. Wir haben aber auch die Möglichkeit, uns einer AZ-Ortsgruppe anzuschließen, die es in vielen Städten und kleineren Orten gibt. Die Ortsgruppen halten einmal im Monat eine Versammlung ab. Im Herbst wird meistens eine Ortsschau durchgeführt, an der in der Regel nur Ortsgruppenmitglieder mit ihren Vögeln teilnehmen dürfen. Weitere Auskünfte über die AZ erteilt die Geschäftsstelle: Helmut Uebele, Postfach 11 68, 71501 Backnang, Tel. (0 71 91) 8 24 39, Fax (0 71 91) 8 59 57. Organ: AZ-Nachrichten. Erscheint monatlich für die Mitglieder.

DKB

Der Deutsche Kanarienzüchter-Bund e.V., kurz DKB genannt, ist eine große Vereinigung von Liebhabern und Züchtern, die sich in der Hauptsache um die Pflege und Zucht von Kanarienvögeln bemüht. In zunehmendem Maße werden aber auch andere Vögel gehalten und gezüchtet. Es gibt in vielen Städten Vereine, die dem DKB angeschlossen sind. Um DKB-Mitglied zu werden, ist es erforderlich, einem angeschlossenen Verein beizutreten. Auch die DKB-Vereine führen meistens monatlich eine Versammlung durch, im Herbst ihre Vereinsmeisterschaft, dann die Landesverbands-Meisterschaft und, als Höhepunkt, die Deutsche Meisterschaft. Die Anschrift des Bundesgeschäftsführers lautet: Deutscher Kanarienzüchter-Bund e.V. (DKB), Bundesgeschäftsführer: Werner Kneule, Salenbergstraße 49, 72250 Freudenstadt, Tel. (0 74 41) 78 14. Organ: Der Vogelfreund; erscheint monatlich.

Estrilda

Die Mitglieder dieses Vereins haben es sich zur Aufgabe gemacht, Prachtfinken und anderen Vögel tiergerecht zu halten, in Naturbrut zu züchten und sie nicht in Bewertungschauen auszustellen. Vorsitzender Dr. Karl Kaiser, Ostmarkstraße 19, 48145 Münster, Tel. (02 51) 3 70 86.

Exotis

Schweizerischer Verband für Zucht und Pflege exotischer Vögel. Der Verband tritt für tiergerechte Vogelhaltung ein und lehnt Bewertungsschauen ab. Verbandsvizepräsident Bruno Steffen, Dorfstrasse, CH-3364 Seeberg, Tel. 062 968 10 66. Organ: Gefiederter Freund, erscheint monatlich für Mitglieder und Abonnenten.

Vereinigung Ziergeflügel- und Exotenzüchter e.V.

Vor allem Vogelliebhaber der ehemaligen DDR gehören dieser Vereinigung an, die aber mittlerweile auch Mitglieder in allen Bundesländern hat. Von Prachtfinken bis Fasanen reicht die

Skala ihrer Pfleglinge. Geschäftsführerin Anita Wöhrmann, Spreeaue 14, D-03130 Spremberg/L., Tel. (0 35 63) 9 65 50. Organ: Ziergeflügel und Exoten; erscheint monatlich für die Mitglieder.

In Österreich gibt es eine Anzahl Vereine, jedoch noch ohne einen Dachverband.

Literaturverzeichnis

Aeckerlein, W.: Die Ernährung des Vogels, Verlag Eugen Ulmer, Stuttgart 1986.

Aschenborn, C.: Fremdländische Stubenvögel – Insekten- und Fruchtfresser, Albrecht Philler Verlag, Minden 1965.

–: Fremdländische Stubenvögel – Körnerfresser, Albrecht Philler Verlag, Minden 1954 und 1966.

–: Fremdländischen Stubenvögel – Die Prachtfinken, Albrecht Philler Verlag, Minden 1951 und 1967.

–: Fremdländische Stubenvögel – Weber und Witwen, Albrecht Philler Verlag, Minden 1952 und 1966.

Baars, W.: Fruchtfresser und Blütenbesucher, Verlag Eugen Ulmer, Stuttgart 1986.

–: Insektenfresser, Verlag Eugen Ulmer, Stuttgart 1981.

Bezzel, E.: Ornithologie, Verlag Eugen Ulmer, Stuttgart 1977.

Bielfeld, H.: Beliebte Prachtfinken, Verlag Eugen Ulmer, Stuttgart 1988.

–: Gouldamadinen, Verlag Eugen Ulmer, Stuttgart 1985.

–: Prachtfinken, Verlag Eugen Ulmer, Stuttgart 1973 und 1986.

–: Weber, Witwen, Sperlinge, Verlag Eugen Ulmer, Stuttgart 1976 und 1992.

–: Zeisige, Girlitze und andere Finkenvögel, Verlag Eugen Ulmer, Stuttgart 1981 und 1990.

–: Atlas Prachtfinken, Horst Müller-Verlag, Bomlitz 1975 und 1982.

–: Ziervögel in Haus und Voliere, Falken-Verlag, Niedernhausen 1977.

–: Vögel in Haus, Voliere und Natur, Buch und Zeit Verlagsgesellschaft, Köln 1974.

–: Singende Zimmervögel, Tomus Verlag, München 1982.

–: Unser Zebrafink, Kosmos Franckh'sche Verlagshandlung, Stuttgart 1989.

Boetticher, H. von: Wachteln, Rephühner, Steinhühner, Frankoline, Verlagshaus Reutlingen Oertel + Spörer, Reutlingen 1958.

Campbell, B.: Das große Vogelbuch, Verlag Eugen Ulmer, Stuttgart 1976.

Chvapil, S.: Ziervögel, Artia-Verlag, Prag und Verlag Werner Dausien, Hanau 1983.

Dathe, H.: Handbuch des Vogelliebhabers, Deutscher Landwirtschaftsverlag, Berlin 1986.

Dost, H.: Fremdländische Stubenvögel, Verlag Eugen Ulmer, Stuttgart 1969.

Elzen, R. van den: Girlitze, Biologie, Haltung und Pflege, Biotropic-Verlag, Baden-Baden 1983.

Enehjelm, C. af: Australian Finches, T. F. H. Publications Inc. Ltd., Neptune, N.J. 1979.

Evans, S. und Fidler, M.: The Gouldian Finch, Blandford Press, Poole 1986.

Fischer, W.: Die Australischen Prachtfinken, Albrecht Philler Verlag, Minden 1987.

Folger, H.: Kolibris, Verlag Eugen Ulmer, Stuttgart 1982.

Friederich, U. und Volland, W.: Futtertierzucht, Lebendfutter für Vivarientiere, Verlag Eugen Ulmer, Stuttgart 1981.

Frisch, O. von: Der Beo, Gräfe und Unzer, München 1984.

Goodwin, D.: Estrildid finches of the world, British Museum (Natural History), Oxford University Press, Oxford 1982.

Grob, P.: Vögel im Haus und ihre Pflege, Hallwag Verlag, Bern 1980.

Gylstorff, I. und Grimm, F.: Vogelkrankheiten, Verlag Eugen Ulmer, Stuttgart 1987.

Jahn, J.: Lebendfutter, Albrecht Philler Verlag, Minden 1955 und 1970.

Kemna, A.: Krankheiten der Stubenvögel, Albrecht Philler Verlag, Minden 1966.

Klören, H.: Zebrafinken, Horst Müller-Verlag, Walsrode 1983.

Knoblauch, D.: Die Gouldamadine, Ornibook-Verlag H.J. Christ, Kürten 1982.

Koepff, C.: Das GU Prachtfinken-Buch, Gräfe und Unzer, München 1985.

Kronberger, H.: Haltung von Vögeln, Krankheiten der Vögel, Gustav Fischer Verlag, Jena 1973.

Martin, H.-J.: Zebrafinken, Gräfe und Unzer, München 1985.

Münst, A. und Wolters, J.: Tauben, Die Arten der Wildtauben, Verlag Josef Wolters, Bottrop 1989.

Neunzig, K.: Fremdländische Stubenvögel, Creutz'sche Verlagsbuchhandlung, Magdeburg 1921, Nachdruck Asher & Co., Amsterdam 1965.

Radicke, F. L.: Der Indische Brillenvogel, A. Ziemsen Verlag, Wittenberg Lutherstadt 1985.

Raethel, H.-S.: Hühnervögel der Welt, Verlag J. Neumann-Neudamm, Melsungen 1988.

–: Krankheiten der Vögel, Kosmos Franckh'sche Verlagshandlung, Stuttgart 1966.

–: Wildtauben, Verlag Eugen Ulmer, Stuttgart 1980.

Robbins, G. E. S.: Quail, their breeding and management, World Pheasant Association, Exning 1981.

Robiller, F.: Prachtfinken, Deutscher Landwirtschaftsverlag, Berlin 1978.

–: Vogelkäfige und Volieren, Bauverlag, Wiesbaden 1989.

Rogers, C. H.: Das Buch der Stubenvögel, Verlag Eugen Ulmer, Stuttgart 1976.

Ruß, K.: Die Fremdländischen Stubenvögel, Creutz'sche Verlagshandlung, Magdeburg 1901.

Rutgers, A.: Handbuch für Zucht und Haltung fremdländischer Vögel, Verlag J. Neumann-Neudamm, Melsungen 1973.

Sabel, K.: Naturgemäße Finkenzucht, Joko-Verlag, Bassum 1983.

–: Pfäffchen, Verlag Eugen Ulmer, Stuttgart 1990.

Schnabl, H.: Wild-, Kulturpflanzen, Futtermischungen und animalische Futterstoffe zur Vogelernährung, Ornibook-Verlag H. J. Christ, Kürten 1984.

Schräpel, J. und Richter, H.: Volieren in Zimmer und Garten, Nordwestverlag, Hannover 1960.

Schuchmann, K.-L.: Nektarvögel, Albrecht Philler Verlag, Minden 1984.

Steinigeweg, W.: Weichfresser, Gräfe und Unzer, München 1987.

Wolters, H. E.: Die Vogelarten der Erde, Verlag Paul Parey, Hamburg und Berlin 1975–1982.

Woolham, F.: Vögel für Käfig und Voliere, BLV Verlagsgesellschaft, München 1975.

Register

Absetzen der Jungen 95
Amadina erythrocephala 35
Amadina fasciata 29
Amandava amandava 37
Amarant 29
Amblynura psittacea 35
Ammern 10, 18
Anpaarung 88
Ascaridia 117
Aspergillose 99
Aspergillus fumigatus 99
Asthalter 72
Atemwegserkrankungen 106
Äußere Verletzungen 99
Aufpäppeln 98
Aufzuchtfutter 75
Auripasser luteus 38
AZ 120

Badehäuschen 69, 82
Badewasser 77, 79, 80, 81
Balz 88
Bandfink 29
Bathilda ruficauda 30
Batis molitor 57
Beeren 79
Befiederung 93
Beleuchtung 70
Bepflanzung 73
Bespannung 73
Beringung 94
Betteln der Nestlinge 93
Bindehautentzündung 99
Binsenamadine 30
Biotopvolieren 119
Bischöfe 10
Blattvögel 13, 58
Blauer Honigsauger 49
Blauflügel-Blattvogel 58
Blauflügelpitta 52
Blauflügel-Sonnenvogel 52
Blutschnabelweber 38
Bodenbrüter 90
Braunkopf-Papageischnabel 53
Braunrückenelsterchen 30
Braunrücken-Goldsperling 38
Brut 91, 92
Brutdauer 92
Brutschmarotzer 11
Bucanetes githagineus 28
Bülbüls 13
Buntastrild 30

Calliope calliope 55
Callipepla californica 43
Candida albicans 99
Candidiasis 99, 100
Cardinalis cardinalis 21
Cardueliden 10
Carpodacus roseus 27
Chancengleichheit auf Schauen 119
Chinagrünling 24
China-Nachtigall 56
Chinesische Zwergwachtel 11, 43
Chloebia gouldiae 32
Chloris sinica 24
Chloris spinoides 25
Chloropsis aurifrons 59
Chloropsis cochinchinensis 58
Chrysomma sinense 54
Coccycolius iris 63
Colibri coruscans 51
Coliuspasser axillaris 42
Copsychus saularis 58
Corythornis cristatus 54
Cosmopsarus regius 60
Cossypha niveicapilla 64
Cyanerpes cyaneus 49

Dacnis cayana 48
Dajaldrossel 13, 58
Darmerkrankung 15
Diamanttäubchen 12, 45
Dicaeum trigonostigma 55
Dickschnabelorganist 47
DKB 121
Dominikanerwitwe 39
Dotterweber 39
Drehkrankheit 100
Dreifarbennonne 31
Durchfall 67, 101, 118
Durchflug 73
Dybowskis Tropfenastrild 31

Echte Wachteln 11
Eiablage 91
Eifarbe 92
Eingangsschleuse 72, 73
Eingewöhnung 66
Einzelhaltung 70
Elfenblauvogel 59
Emblema picta 31
Entzündete Füße 101
Erkältungen 101
Ernährung 74
Erzpfäffchen 18
Erythrina erythrina 26
Erythrina mexicana 25
Erythrura prasina 32
Escherichia coli 108
Estrilda melpoda 34
Estrilda troglodytes 33
Eumyias thalassina 55
Euodice cantans 36
Euphonia chlorotica 48
Euphonia laniirostris 47
Euplectes franciscanus 40
Euplectes hordeaceus 40
Euschistospiza dybowskii 31
Excalfactoria chinensis 43

Fangkäfig 83, 84
Farbfinken 10, 18
Federfressen 101
Federlinge 102
Federrupfen 101, 102
Federstaub 106
Fettleibigkeit 103
Feuerweber 40
Flammenweber 40
Flüggewerden 94, 95
Foudia madagascariensis 41

Früchte 77, 79
Fundament 73
Futtermilben 103
Futternäpfe 69, 73
Futtertisch 73
Fütterung 67

Gabelwurmseuche 112
Gähnschnabel 112
Gangesbrillenvogel 53
Garrulax leucolophus 64
Gartenvoliere 72
Geflügelpest 103
Gehirnerschütterung 104
Gelbbauchgirlitz 24
Gelbnackentimalie 54
Gemalte Amadine 31
Geopelia striata 46
Geschlechtsbestimmung 96
Gicht 104
Gimpelartige 10, 24
Girlitze 10, 24
Glanzstare 13
Goldaugentimalie 54
Goldbrüstchen 32
Goldbrusttangare 47
Goldstirn-Blattvogel 59
Gouldamadine 32
Grabmilben 104, 106
Gracula religiosa intermedia 61
Grauastrild 33
Grauedelsänger 25
Graukardinal 18
Graupapagei 13
Graustar 13, 59
Grünfutter 75, 76, 77
Grüntangare 48
Guiraca caerulea 19

Haarwürmer 105
Häherlinge 13
Hakenschnabelbildung 105
Handaufzucht 97, 98
Haubenbartvogel 60
Haubenzwergfischer 54
Hauptfutter 75, 77, 79, 80
Hausgimpel 25
Hedydipna collaris 51
Hefepilze 99
Hellblauer Bischof 19
Himalajagrünling 25
Himalajasäbler 60
Höchstalter 83, 84
Hühnervögel 11

Ianthocincla rufogularis 61
Indigofink 19
Infrarotbestrahlung 101, 110
Innenvoliere 72
Ionisatoren 106, 122
Ionisieren 106
Irena puella 59

Jacksonweber 40
Jugendmauser 95, 96

Käfige 68, 121, 122
Kalifornische Schopfwachtel 43
Kalkbeine 104, 106
Kanariengirlitz 26
Kaptäubchen 12, 45
Kapuzenzeisig 26
Kardinäle 10, 18
Karmingimpel 26
Kegelschnabel 74
Keimfutter 76
Kescher 83, 84
Kistenkäfig 68, 70
Kleinelsterchen 33
Kleiner Kubafink 10, 19
Knemidocoptes 104
Knochenbrüche 106, 107
Kokzidien 66, 101, 107
Kokzidiose 107, 108
Kolibris 12, 50
Kolibri-Schwirrflug 13
Koliinfektion 108
Kolikeime 101, 108
Königsglanzstar 60
Körnerfresser 74
Körnerfutter 80
Kotproben 66
Krämpfe 100
Krallenschneiden 108
Krankenkäfig 109, 110
Kreuzschnabelbildung 105
Künstliche Brut 97, 98
Kugelnest 89
Kurzschnabel-Gilbammer 10, 20

Lagonosticta senegala 29
Lähmungen 100
Lamprospreo pulcher 62
Lamprotornis corruscus 63
Laterallus leucopyrrhus 57
Lauchgrüne Papageiamadine 33
Lazulifink 20
Lazulischnäpper 55
Lebenserwartung 84, 85
Leberschäden 15, 111
Legenot 111, 112, 118
Leiothrix argentauris 56
Leiothrix lutea 56
Lonchura punctulata 34
Lophospingus pusillus 23
Luftröhrenwürmer 112
Luftsackmilben 105, 113

Madagaskar-Perlwachtel 44
Madagaskarweber 41
Magellanzeisig 27
Margaroperdix madagarensis 44
Mauser 114
Mauserschwierigkeiten 114
Meerblauer Fliegenschnäpper 55
Meisentimalie 57
Mineralstoffe 76, 79, 80
Mischlinge 96
Mittelbeo 13, 61
Mittelschieber 69
Mosambikgirlitz 27
Munia malacca malacca 31
Muskatfink 34
Mutationen 97

Napfnest 90
Naschvögel 12
Nektarvögel 12, 50
Nestbau 89, 90, 91
Nestlinge 92, 93, 94
Newcastle Disease 103
Nistkästen 86
Nistkörbchen 87
Nistmaterial 89, 90

Nistplatz 86, 87

Obst 75, 77, 78
Obsthalter 82
Ochrospiza leucopygia 25
Ochrospiza mozambica 27
Odontospiza caniceps 34
Oena capensis 45
Orangebäckchen 34
Orangebauch-Mistelfresser 55
Orangeblaufink 20
Orangepfäffchen 21
Organisten 12
Ornithose 114, 115

Paarung 88, 89
Padda oryzivora 35
Panaeola reichenowi 50
Pagodenstar 13, 61
Papageien 8
Papstfink 21
Paradieswitwe 41
Paroaria coronata 18
Partnerwahl 88
Passerina amonea 20
Passerina ciris 21
Passerina cyanea 19
Passerina leclancherii 20
Passerina versicolor 22
Perlhalsamadine 34
Pfäffchen 10, 18
Pflege 81
Pfriemschnabel 74
Pitpit 12, 48
Pitta moluccensis 52
Poephila acuticauda 36
Pomatorhinus schisticeps 60
Prachtfinken 10, 29
Preußnektarvogel 50
Pseudotuberkulose 115
Psittacose 114
Purpurkehlorganist 48
Purpurtangare 49
Pycnonotus jocosus 62
Pycnonotus sinensis 64
Pytilia melba 30

Quarantäne 66, 67, 110
Quelea quelea 38
Queleopsis erythrops 41

Rachitis 115
Ramphocelus bresilius 49
Raufen 82
Reisfink 35
Rhodopechys sanguinea 28
Rhodospiza obsoleta 28
Rollulus roulroul 44
Rosengimpel 27
Rostkinnhäherling 61
Rotbauch-Glanzstar 62
Rote Vogelmilben 115, 116
Roter Kardinal 21
Rotflügelgimpel 28
Rotköpfige Papageiamadine 35
Rotkopfamadine 35
Rotkopfweber 41
Rotleibigkeit 15
Rotlichtbestrahlung 101, 110
Rotohrbülbül 62
Rotwurmseuche 112
Rubinkehlchen 55

Sabelscher Nistklotz 87
Säbler 13
Safranfink 10, 22
Salmonellen 66, 101, 116, 117
Salmonellose 116, 117
Sapphokolibri 50
Sappho sparganura 50
Schamadrossel 13, 63
Schaukäfige 119
Schimmelpilze 99, 106
Schleppensylphe 50
Schlupf 92, 93
Schmetterlingsfink 36
Schubladen 69, 71
Schuppenköpfchen 42
Schutz vor Katzen 74
Schwarzbauch-Glanzstar 63
Selbständigwerden 94, 95
Senegalbrillenvogel 56
Senegaltäubchen 12, 46
Serinops flaviventris 24
Serinus canaria 26
Sicalis flaveola 22
Sicalis luteola 20
Silberohr-Sonnenvogel 56
Silberschnäbelchen 36
Sitzstangen 69, 82
Sitzstangenhalter 82
Siva cyanouroptera 52
Smaragdglanzstar 63
Sonnenvogel 56
Sperlinge 11, 38
Sperlingstäubchen 12
Spermestes bicolor 30
Spermestes cucullatus 33
Spinus cucullatus 26
Spinus magellanicus 27
Spitzschwanzamadine 36
Sporaeginthus subflavus 32
Sporophila bouvreuil 21
Sporophila cucullata 18
Sporophila lineola 23
Sporopipes frontalis 42
Spulwürmer 105, 117
Spurenelemente 76, 79, 80
Stahlnektarvogel 51
Stare 13, 58
Steganura paradisaea 41
Stictopeleia cuneata 45
Straußwachtel 44
Streptopelia senegalensis 46
Streß 66
Stummelwida 42
Sturnopastor cineraceus 59
Suthora webbiana 53
Syngamus trachea 112

Täubchen 12, 45
Täubchennest 91
Tangara guttata 49
Tangara gyrola 48
Tangara schrankii 47
Tangaren 12, 47
Temenuchus pagodarum 61
Textor jacksoni 40
Textor vitellinus 39
Tiaris canora 19
Tierische Nahrung 78, 79, 81
Tigerfink 37
Timalien 13, 52
Trachyponus vaillanti 60
Transport 14, 15, 16
Transportkäfig 15
Trichomonas gallinae 117

Trichomoniasis 117
Trinknäpfe 82
Trinkwasser 77, 79, 80, 81
Tropfentangare 49
Türkisnaschvogel 49
Tumoren 117, 118

Uraeginthus bengalus 36
Urlaubsversorgung 84
UV-Bestrahlung 102, 115, 118

Veilchenohrkolibri 51
Vereine und Verbände 120
Vergleich mit Wildvögeln 119
Verschorfte Füße 101
Verstopfung 118
Vidua macroura 39
Vielfarbenfink 22
Vitrine 70
Vögel auf Ausstellungen 119
Vogelfang 83
Vogelkauf 14
Volieren 70, 71, 72, 121, 122

Wachteln 11, 43
Wärme beim Aufpäppeln 98
Wassernäpfe 69, 73
Webervögel 11, 38
Webervogelnest 90
Weichfresser 74
Weißbrustralle 57
Weißbürzelgirlitz 25
Weißflanken-Buntschnäpper 57
Weißflügelgimpel 28
Weißhaubenhäherling 64
Weißnackenbülbül 64
Weißscheitelrötel 12, 64
Weißstirnpfäffchen 23
Wellensittich 8
Witwen 11, 38
Wüstengimpel 28
Wurmkur 66

Yuhina 57
Yuhina flavicollis 54
Yuhina nigrimentum 57

Zahnwachteln 11
Zebrafink 14, 37
Zebratäubchen 12, 46
Zeisige 10, 24
Zeitschriften für Vogelliebhaber 120
Zimmervoliere 71
Zosterops palpebrosus 53
Zosterops senegalensis 56
Zubehör 122
Zucht 86
Zwergkardinal 23
Zwergtäubchen 12
Zwergtimalie 57